U0254409

云计算中
低速率拒绝服务
攻防技术

Low Rate Denial of Service Attack and Defense
Technology in Cloud Computing

岳 猛 刘 亮 李瑞琪／著

人民邮电出版社

北 京

图书在版编目（CIP）数据

云计算中低速率拒绝服务攻防技术 / 岳猛，刘亮，
李瑞琪著. -- 北京 : 人民邮电出版社，2024.7
ISBN 978-7-115-64110-6

Ⅰ．①云… Ⅱ．①岳… ②刘… ③李… Ⅲ．①云计算
Ⅳ．①TP393.027

中国国家版本馆 CIP 数据核字(2024)第 068798 号

内 容 提 要

　　本书研究了云计算网络中低速率拒绝服务（Low Rate Denial of Service，LDoS）攻击原理，对攻击模型进行了深入研究，从多个维度提取了攻击特征，精准刻画了攻击行为。建立攻击检测和防御模型，设计了有效应对攻击的方案。攻克了 LDoS 攻击模型优化、精准检测和高效防御的技术难题。全书涵盖以下主要内容：云计算的安全隐患及 LDoS 攻击的实施方法、LDoS 攻击的基本原理以及云计算中基于变化 RTT 的 LDoS 攻击模型优化、LDoS 攻击对新型拥塞控制协议的作用机理、基于小波能量谱结合组合神经网络的 LDoS 攻击检测方法、基于路由器缓存队列特征的 LDoS 攻击检测方法、基于梳状滤波器的 LDoS 攻击过滤方法、基于软件定义网络的跨层协同式 LDoS 攻击缓解方法。

　　全书内容由浅入深，讲解了云计算网络中 LDoS 攻击的模型，以及检测和防御该攻击的具体方法，为读者更深入地掌握云计算中抗 LDoS 攻击技术提供了参考。本书的读者对象主要是网络安全研究领域科研人员和网络管理工程人员。

◆ 著　　　　　岳　猛　刘　亮　李瑞琪
　　责任编辑　王　夏
　　责任印制　马振武

◆ 人民邮电出版社出版发行　　北京市丰台区成寿寺路 11 号
　　邮编　100164　　电子邮件　315@ptpress.com.cn
　　网址　https://www.ptpress.com.cn
　　固安县铭成印刷有限公司印刷

◆ 开本：700×1000　1/16
　　印张：11.5　　　　　　　　　2024 年 7 月第 1 版
　　字数：225 千字　　　　　　　2024 年 7 月河北第 1 次印刷

定价：119.80 元

读者服务热线：(010)53913866　印装质量热线：(010)81055316
反盗版热线：(010)81055315
广告经营许可证：京东市监广登字 20170147 号

前　言

拒绝服务（Denial of Service，DoS）攻击一直是网络安全面临的主要威胁之一，不断变化的攻击手段导致新问题不断涌现。在云计算数据中心网络架构下，多租户共享网络带宽凸显超额认购的问题，加剧了网络拥塞的隐患，也将低速率拒绝服务（Low Rate Denial of Service，LDoS）攻击从传统网络吸引到云计算数据中心内部网络。

LDoS 攻击于 2001 年在 Internet2 Abilene 主干网上首次被发现，之后在 2003 年的 SIGCOMM 上 Kuzmanovic 和 Knightly 等展示了这种低速率的 DoS 攻击。近年来，LDoS 攻击不断演化，其目标主要针对服务和资源高度集中的系统，如云计算、大数据服务平台等。LDoS 攻击的隐蔽性使它很容易隐藏在云计算和大数据服务平台的巨大背景流量中而不被发现。LDoS 攻击的主要目的是造成云计算平台和大数据用户的流量损失，导致云计算和大数据用户的流量大幅增长，造成巨大的经济损失。这也是网络攻击者钟爱 LDoS 攻击的原因。他们可以将云计算和大数据用户的流量损失转化为自己的经济收入。

LDoS 攻击难以检测和防御，有以下 3 个原因。第一，LDoS 使用的协议是合法的。LDoS 攻击通常使用 UDP 或 TCP 数据包。这是互联网中常见的两种数据包类型。LDoS 与许多基于 UDP 的正常业务（如流媒体点播业务和互联网电话业务）等产生的瞬时突发非常相似。从流量行为来看，LDoS 攻击流量与正常流量基本没有区别，因此无法区分 LDoS 攻击流量和正常流量。第二，LDoS 攻击流量的平均速率很低。从攻击流量来看，LDoS 攻击流量是一种周期性的脉冲流量。在一个攻击周期中，只有短暂的时间内有攻击流量，因此平均攻击流量甚至低于正常流量的平均值。从攻击方式来看，LDoS 攻击可以采用分布式组织方式。攻击者利用地理位置分散的攻击源按一定规则发送较小的攻击流量，这些攻击流量仅在受害路由器端才汇聚。这样一来，攻击流量在整个网络中的分布更加分散，单个攻击流量的平均速率更低，更难检测。第三，LDoS 攻击更加智能。LDoS 攻击的智能化主要表现在其攻击形式和攻击速率上。LDoS 攻击的攻击形式逐渐多样化。除了传统的攻击形式外，全队列形式和全速率形式的攻击也在逐步演进。从攻击速率来看，LDoS 的攻击速率不再是简单的固定速率，它的攻击速率随着网络环境的变化而变化。总的来说，LDoS 攻击的智能化程度越来越高，攻击防范也越来越困难。

目前云计算下 LDoS 攻防的瓶颈问题表现在：未能结合云计算数据中心网络特点建立准确的、最优化的攻击模型，在主动防范、高效检测和有效缓解 3 个方面也未能构建整体有效的解决方案。因此，攻防两端仍存在有待探索的新问题：第一，云计算是一个按需服务、即用即付的平台，攻击与防御之间的资源博弈体现得尤为突出，付出代价少的一方即为获胜者，云计算下 LDoS 攻防之间的制约关系值得探索；第二，数据中心网络扁平化架构、网络低时延特性以及网络新技术的应用，为 LDoS 攻与防带来了新的机遇。如何利用云计算新模式、新特点、新技术对攻击进行建模及防御值得探索。

本书的核心目标是揭示云计算下 LDoS 攻与防的相互作用机理，探索有效应对 LDoS 攻击的方案。本书共分为 11 章，按照以下内容进行组织。

第 1 章为绪论，介绍了本书的研究背景和意义，对当前的国内外研究现状进行归纳总结，对现有研究中存在的问题进行了分析。

第 2 章对云计算场景下的 LDoS 攻击进行了宏观分析，包括云计算在核心技术和服务模式上的安全隐患、云计算中 LDoS 攻击的组织、云计算中 LDoS 攻击的分类。

第 3 章对 LDoS 攻击所利用的 TCP 进行了分析，包括典型的基于丢包的 Reno 算法、BIC 算法，基于时延和丢包的 CTCP 算法，以及新型的基于瓶颈链路带宽和往返时延探测的 BBR 算法。

第 4 章对典型的针对 RTO 和 AIMD 的 LDoS 攻击模型进行了分析，并归纳总结了目前几种改进的攻击方式，包括变速率 LDoS 攻击、满速率 LDoS 攻击、满队列 LDoS 攻击。在云计算攻防博弈的场景下，这些攻击方式可以不同程度地节约攻击者消耗，但增加受害者损失。

第 5 章研究了云计算中基于变化 RTT 的 LDoS 攻击模型。在考虑排队时延的情况下，提出针对 Reno + Droptail 的两种最大化效能的攻击模型，探讨了网络参数变化对攻击模型的影响。

第 6 章针对目前操作系统应用最广泛的 CUBIC 拥塞控制机制，在 RED 队列管理算法下设计了单脉冲和双脉冲 LDoS 攻击模型，探讨了两种攻击的攻击效能及最大化攻击效能的参数设置方法。

第 7 章基于网络流量多重分形特征，设计了一种小波能量谱结合组合神经网络的 LDoS 攻击检测方法，对上行、下行及双向网络流量进行分析来判断正常流量中是否混有攻击流。

第 8 章根据攻击脉冲对路由器缓存队列的影响，建立了一种由瞬时队列和平均队列组成的二维队列分布模型来检测 LDoS 攻击。通过欧氏距离提取攻击特征，结合自适应阈值调整算法来检测每个 LDoS 攻击突发。

第 9 章从频域分析 TCP 流量和 LDoS 攻击流量的采样信号，用频域搜索法估计往返时延，提取出 LDoS 攻击在频域的特性，设计了一种基于滤波器的攻击流量过滤方法。

第 10 章利用 SDN 数据层与控制层解耦合的特点，分别在数据平面和控制平面提取 LDoS 攻击特征，构建了轻量级检测和全局深度检测协同的检测框架，实现基于重路由的攻击缓解方法。

第 11 章对本书进行了总结，对未来的研究趋势进行了展望。

本书由中国民航大学安全科学与工程学院"航大信安"实验室多名老师和同学共同完成。由岳猛负责全书的组织结构和内容安排，并编写第 1 章、第 2 章、第 5 章、第 6 章、第 7 章、第 8 章、第 10 章、第 11 章内容；刘亮负责编写第 3 章、第 4 章；李瑞琪负责编写第 9 章内容。另外，参与本书研究工作的人员包括张才峰、李坤、王敏效、王怀远、李静、闫清新等。严华阳和罗康驰在本书格式编辑、文字校对、参考文献整理等方面做了大量工作。在此对以上人员表示感谢。

本书的撰写得到了国家自然科学基金面上项目（No.62172418）、国家自然科学基金民航联合项目（No.U1933108）、国家自然科学基金青年项目（No.61601467，No.61802276）、天津市基础应用研究多元投入基金重点项目（No.21JCZDJC00830）、天津市教委科技项目（No.2019KJ117）、中央高校基本科研业务重点项目（No.3122020076）、中国民航大学国家自然科学基金配套项目（No.3122022PT05），以及中国民航大学学科建设经费的资助，在此表示衷心感谢。

由于作者水平有限，书中难免存在不足之处，恳请广大读者批评指正。

作　者
2024 年 2 月

目　录

第1章
绪论

🔍 1.1　背景

　　云计算促使互联网业务高速增长，这些业务产生了巨大的经济效益。随着大量用户数据和应用向云计算平台的迁移，针对云计算的攻击与日俱增。拒绝服务（Denial of Service，DoS）攻击正是云计算时代互联网面临的主要安全威胁之一[1-4]。CNCERT 数据显示[5]，2020 年我国境内被 DoS 攻击的目标其中有 76.1%为云计算平台，云计算平台作为控制端发起 DoS 攻击次数占境内控制端发起 DoS 攻击次数的 79.0%。世界知名信息安全服务商 Arbor Networks 数据显示，几乎没有云计算平台能免遭 DoS 攻击。主流的云服务商针对实际遭遇的 DoS 攻击会发布安全报告[6-8]。例如，阿里云表示 2020 年上半年 DoS 攻击事件多达 50 万余次，较 2019 年下半年增长了 26%。AWS 和 Akamai 声称在 2020 年分别应对了一波 2.3Tbit/s 和 809Mpacket/s 的 DoS 攻击。2021 年，微软 Azure 抵御了一次 3.47Tbit/s 的 DoS 攻击，以及两次 2.5Tbit/s 的 DoS 攻击。目前源于数据中心网络内部的攻击呈上升趋势，攻击流向可能是数据中心外部、内部租户之间，以及虚拟机对基础设施的攻击。此外，除高速率、大规模的攻击之外，复杂型、技术式的低速率攻击越来越受到攻击者的青睐，这种攻击以精准打击云计算的某种漏洞为目标，往往具有更低的成本，以及难以察觉和难以防范的特点。当前，云计算中的 DoS 攻击防御面临着严峻的挑战。

　　在云计算即用即付（Pay-As-You-Go）的模式下[9]，传统暴力式攻击性价比并非最高。此外，目前已有诸多针对泛洪式 DoS 攻击的解决方案。因此，攻击者直接发动泛洪式攻击可能不是一种最有效的措施[10-11]。为了躲避现有的攻击检测和防御方法，以及追求更高的攻击效能，攻击者开发了诸多低速率 DoS 攻击。其中，非常具代表性的是针对 TCP 的脉冲式攻击，称之为低速率拒绝服务（Low Rate Denial of Service，LDoS）攻击。云计算数据中心网络同步和汇聚高速率流相对容易实现，攻击者可以利用云计算中共享带宽以及虚拟化的安全隐患，通过拥塞虚

1

拟机之间的瓶颈链路便可触发 TCP 端系统的超时重传、拥塞避免等拥塞控制机制，以此达到降低系统服务质量的目的。由于大部分网络流量是基于 TCP 的，因此这种攻击影响较大。

云计算数据中心承载了游戏、商务、金融、社交等诸多应用。目前，云计算下 DoS 攻击的影响可能波及基础设施提供者、云服务提供者和云消费者，而最终的后果不仅是巨额的经济损失，甚至可能间接威胁生命安全（例如，对医疗系统的攻击）。随着攻击手段的不断变化，产生了诸如 LDoS 的新型攻击方式，防范LDoS 攻击是云计算安全领域的研究热点。

🔍 1.2 国内外研究概况

随着云计算的发展，越来越多的租户将服务迁移至云计算数据中心，云计算数据中心成为 DoS 攻击的主要对象。目前，面向云计算数据中心的 DoS 攻击呈现出多样化的趋势，尤其是诸多 LDoS 攻击的出现。例如，利用云计算即用即付模式的欺骗性资源消耗（Fraudulent Resource Consumption，FRC）攻击[12]，针对协议解析过程的 Stealthy DoS 攻击[13]，以造成云服务提供者（Cloud Service Provider）和云消费者（Cloud Customer）经济损失为目的的经济可持续拒绝（Economic Denial of Sustainability，EDoS）攻击[14]，利用云计算弹性伸缩机制的 Yo-Yo 攻击[15]等。这些攻击虽然原理不同，但目标相似：攻击者以最小的攻击成本达到最大的攻击效果，对于受害者而言，通常不一定是完全拒绝服务，而是大幅度降低服务质量。这类攻击的速率低，因此容易逃避检测。本书专门针对云计算数据中心的一种面向 TCP 的 LDoS 攻击展开研究，该攻击是较为经典的一类低速率拒绝服务攻击，很多其他的攻击方式都借鉴了该种攻击的思想。

LDoS 攻击最早于 2001 年在 Internet2 Abilene 主干网上被发现[16]。此后，得到了业内的广泛关注。美国莱斯大学的 Kuzmanovic 等[16]和香港理工大学的 Luo 教授团队[17]分别于 2003 年和 2005 年研究了针对 TCP 端系统超时重传（Retransmission Time Out，RTO）机制和加性增乘性减（Additive Increase Multiplicative Decrease，AIMD）机制的 LDoS 攻击模型。2006 年，德克萨斯州立大学的 Guirguis 教授等[18-19]提出了攻击效能更高的 LDoS 攻击模型，即满速率和满队列的 LDoS 模型，并对其进行了性能评估。

在上述成果的引领下，针对 LDoS 攻击的研究陆续展开。2011 年，国防科技大学冯振乾博士和苏金树教授等[20]证明了传统网络的 LDoS 攻击可以很容易地平移到云计算中。云计算数据中心网络的新特征使得一个租户可以用非常少的流量实施有效的 LDoS 攻击。2014 年，电子科技大学的隆克平教授与北京科技大学的阳小龙教授的团队[21-22]将 LDoS 攻击参数和网络环境参数相结合，提出了更准确的网络行为模型。2014 年，汕头大学的唐雅娟副教授[23]对面向反馈系统的 LDoS 攻击进行了研究，扩展了 Guirguis 教授所提出的攻击方式，建立了交换系统（Switched System）模型来描述攻击下的网络行为。2016 年和 2019 年，南京大学的刘孟博士和窦万春教授[24]，以及四川大学的陈兴蜀教授团队[25]都提出了一种针对云计算软件定义网络（Software Define Network，SDN）的 LDoS 攻击，这种攻击利用 SDN 数据层流表空闲超时机制的漏洞。2017 年，清华大学的徐明伟教授团队[26]提出了探测流规则安装策略和流表超时时间的方法，基于此设计了一种最小速率的流表溢出攻击。2017 年，美国路易斯安那州立大学的 Shan 等[27]将 LDoS 攻击扩展为针对 Web 应用层的 Tail 攻击。攻击者间歇性地发送合法 HTTP 突发到目标 Web 系统，触发队列溢出。根据排队网络模型评估了攻击影响并优化了攻击参数。2019 年，清华大学李琦教授团队[28]将传统的 LDoS 攻击扩展到 SDN 下，并指出在控制器带内部署（In-band）的情况下，攻击者可通过数据流拥塞共享瓶颈链路从而影响控制流。他们提出了探测共享链路的方法，对攻击进行了建模并评估了攻击对网络层及应用层的影响。2020 年，陆军工程大学邢长友教授团队[29]分析并验证了 SDN 中控制器拓扑发现机制的漏洞。攻击者可以利用该漏洞，对 SDN 发起 LDoS 攻击，使得控制器无法准确获取网络拓扑信息，进而难以进行有效的路由决策，导致网络性能下降。2020 年，来自巴西的研究者 Pascoal 等[30]提出了针对 SDN 的慢饱和三态内容寻址存储器（Ternary Content-Addressable Memory，TCAM）攻击，这种攻击将 Slow Saturation TCAM 攻击和 Low-Rate Saturation 攻击相结合，将攻击影响从数据平面扩展到控制平面。2020 年，华中科技大学金海教授团队[31]研究了容器云环境下的 LDoS 攻击问题，建立了基于排队论的数学模型用于描述 LDoS 攻击场景并分析抗 LDoS 攻击的能力。2020 年，美国东北大学的 Peterson 等[32]通过分析 BBR 算法对确认操作攻击的脆弱性，确定了 5 类来自路径攻击者对 BBR 的确认操作攻击，并且成功证明其会导致 BBR 发送速率更快、更慢和停滞。2021 年，我们的研究团队[33]针对 Guirguis 所设计模型存在的不足，基于变化的往返时延（Round-Trip Time，RTT）提出一种阶梯式 LDoS 攻击模型，将攻击效能提高了 200%。2021 年，我们的研究团队[34]针对 CUBIC+TCP 提出了两种新的攻击模型，测试结果表明，这两种攻击模型都能对其吞吐量进行有效抑制，使得攻击效能最大化。上述研究说明，很多低速率拒绝服务攻击都是基于传统 LDoS 攻击设计实现的，目前的研究主要集中在两方面：一是优化现有的模型，提升其准确性以及取得更好的攻击效果；二是在不同场景中探索新的攻击模型，扩展攻击的应用范围。

在攻击检测方面，目前以异常特征检测为主，根据网络层特征判断 LDoS 攻击是否发生。在提取分析攻击特征时往往将小波变换[35]、信号处理[36]、统计分布[37]、神经网络[38]和信息度量[39]等技术引入到异常检测中来建立检测模型,以提高检测性能。美国纽约州立大学的 Chen 等[40]、武汉大学何炎祥教授团队[41]、清华大学徐明伟教授团队[42]、天津大学高镇教授团队[43]和我们的研究团队[44]均提取了 LDoS 攻击流的时频域特征实现检测。时域特征主要体现在攻击流的周期性、突发性、波动性以及对路由器缓存队列的影响。频域特征主要体现在正常流与攻击流在频谱或功率谱分布上的差异。异常特征检测一般具有识别率较高的优点。近年来,研究者们利用深度学习检测 LDoS 攻击取得了许多成果。湖南大学汤澹教授团队[38,45]提出了基于网络流量多特征和改进 AdaBoost 算法的 LDoS 攻击检测方法(MF-AdaBoost)和基于多特征融合和卷积神经网络(CNN)的 LDoS 攻击检测方法。在仿真平台和实验床平台上进行实验后的结果表明,两种检测模型均能有效地检测 LDoS 攻击。我们的研究团队[46]提出了一种在 SDN 下基于多特征的 DoS 攻击检测模型,利用攻击流的特征和 BP 神经网络建立检测模型,能够同时检测多种类型的 DoS 攻击,且不受 Flash 群的影响。与支持向量机(SVM)、朴素贝叶斯算法、随机森林算法、K 最邻近(KNN)算法相比具有更优秀的检测率和正确率。2021 年,汤澹教授团队[47]提出了基于 Bat 算法和 BP 神经网络的 LDoS 攻击检测模型,该模型利用 Bat 算法优化 BP 神经网络模型,使其在检测 LDoS 攻击时具有更高的检测率和正确率,更低的假阳性率和假阴性率。相比未优化的 BP 神经网络模型检测效果显著提升,相比 MF-AdaBoost 模型检测效果也有所提升。除了机器学习算法检测 LDoS 攻击之外,基于数据挖掘技术[48]、云模型[49]等检测模型陆续被提出,在 LDoS 攻击检测方面都取得了良好的效果。

在攻击缓解方面,主流的方法包括较传统的随机化 RTO 和改进路由器缓存队列管理算法,以及结合新技术的流量管理方法。Yang 等[50]、Efstathopoulos 等[51]都提出了随机化 RTO 的方法,通过改变 RTO 周期性规律,使得攻击者无法准确预测 TCP 端下一次发送数据的时间,也就无法在准确的时刻发送攻击数据流。Kuzmanovic[52]、Mohan[53]和国防科技大学殷建平教授团队[54]都提出了基于 AQM 机制的 LDoS 攻击防御方法,其核心思想是通过改进主动队列管理(Active Queue Management,AQM)算法过滤 LDoS 攻击数据包或对带宽进行重新分配来保护 TCP 资源。改进协议机制的方法具有响应迅速的优点,能较为彻底地抵御攻击,保证合法流的吞吐量。基于流量管理的攻击防御方法,具体又可分为流量过滤、端口限制和优先级排序。我们的研究团队[55]基于 LDoS 攻击流的幅度谱集中分布在低频带的特征,设计了一种梳状滤波器,在频域上过滤攻击流。天津大学高镇教授团队[43]提出基于 SDN 控制器的攻击流隔离机制,控制器根据攻击流中提取到的流表信息可以定位到攻击主机所连的交换机端口,然后通过下发流表的方式对该端口进行限制。清华大学李琦教授团队[28]提出 SDN 下提高控制流的优先级和预留带宽的方法，从而缓解数据流 LDoS 攻击对控制器的影响。流量管理的缓解方法较为直接，无须改变现有协议。2022 年，湖南大学汤澹教授团队[56]使用基于直方图的梯度提升和发现峰值（HGB-FP）算法实时检测和缓解 SDN 中的 LDoS 攻击。另外，该团队还提出了一种新的基于序列匹配的动态级数分析（SMDSA）算法[57]，并利用 SMDSA 算法实现了在线的攻击检测与缓解模型。

🔍 1.3　现有问题

LDoS 攻击具有隐蔽性，本身难以防范。在云计算环境下，安全设备的部署边界已经渐渐消失，单一的边界防护效果将急速降低，虚拟化技术的引入导致虚拟机之间的安全问题、多租户对共享资源的竞争问题。这些因素给 LDoS 攻击的防御带来了新的挑战。云计算中的攻击与防御将是一个无休止的博弈过程，如何主动、快速、高效地抵御 LDoS 攻击，需要解决以下几个问题。

1. 缺乏对云计算数据中心 LDoS 攻击的最优化建模

LDoS 攻击是一种利用 TCP 拥塞控制漏洞的攻击方式，目前已有学者对云计算数据中心网络的 LDoS 攻击开展了研究[28,32,58-59]。但是，目前的研究并没有结合云计算数据中心网络特点和 TCP 版本进行细粒度的攻击建模，表现在以下 3 个方面。第一，在云计算场景下，一些传统的假设发生改变。现有研究通常基于固定的 RTT，即不考虑排队时延的变化，但在云计算数据中心低时延的网络中，需要重新审视这一假设。第二，目前 TCP 的拥塞控制算法很多，包括 Reno、NewReno、Sack、CUBIC、BBR 等，不同版本的算法有不同的策略。现有的研究主要基于早期的 Reno、NewReno 进行建模，并未针对目前操作系统应用最为广泛的 CUBIC 进行建模（CUBIC 是 Windows 10 和 Linux Kernel 2.6.18 到 4.8.17 版本默认使用的 TCP 拥塞控制算法）。第三，未考虑最优化攻击效能的问题，云计算是一个资源即用即付的平台，针对云计算的攻击和防御之间是一种资源博弈的过程，能否以最小的代价取得最大的收益是攻防两端值得关注的问题。

2. 缺乏对云计算数据中心 LDoS 攻击的主动防范策略

目前对 LDoS 攻击的防御多采用被动策略，即在攻击效果形成后，再进行检测和缓解。被动防御具有一定的滞后性。如果能在大规模云计算数据中心网络背景下，设计一种主动式的防范策略，使攻击者难以实施有效的攻击，这将有力地构建起抗 LDoS 攻击的第一道防线。传统的安全覆盖网、重路由等技术基于移动目标防御的思想，提供了主动防范攻击的思路，但是在云计算数据中心场景下，存在时延敏感、节点负荷高、节点损耗等缺点。因此，并不完全适用于云计算这种分布式、高并发、低时延的场景。

3. 缺乏对云计算数据中心 LDoS 攻击的有效检测机制

云计算数据中心内部的业务种类繁多，各向流量特征复杂，特别是与攻击流特征相似的短突发流并不鲜见，这增加了检测难度。此外，现有的方法通常要求数据采样速率与包传输速率相匹配，才能得到良好的检测效果。在云计算数据中心高速率、低时延的网络场景下，需要处理和分析的数据规模大大增加，这对检测算法的复杂度、资源消耗和实时性提出了挑战。SDN 为检测 LDoS 攻击提供了新的手段，但目前基于 SDN 的方法需要控制器不断轮询每个交换机的统计信息，以维持网络全局视图，因此检测时延显著增加。此外，随着数据平面和控制平面之间控制流规模的增长，用于 LDoS 攻击检测的南向接口的通信开销成为 SDN 应用的瓶颈。

4. 缺乏对云计算数据中心 LDoS 攻击的有效缓解方法

改进协议机制和流量管理是缓解 LDoS 攻击的两种常用方式。前者需要对网络协议进行修改（例如，随机化 RTO、修改 AQM），难以与现有的基础设施兼容，不便于在云计算中大规模部署。后者则存在参数敏感性的问题，例如，滤波器参数设置与网络场景密切相关，云计算数据中心的网络规模、承载的应用等因素导致滤波器参数和检测门限难以确定。端口限制的方法在隔离攻击流的同时，有可能将合法流一并限制。随着技术的发展，研究者广泛关注 SDN 技术防御 LDoS 攻击，通常是控制器下发流规则给交换机，交换机根据流规则将受害端口隔离。这种方法虽然能较好地过滤攻击流，但也可能在一定程度上阻断正常流或导致端口流量的不均衡，如何解决上述问题存在一定困难。

参考文献

[1] 冯登国, 张敏, 张妍, 等. 云计算安全研究[J]. 软件学报, 2011, 22(1): 71-83.

[2] 张玉清, 王晓菲, 刘雪峰, 等. 云计算环境安全综述[J]. 软件学报, 2016, 27(6): 1328-1348.

[3] AGRAWAL N, TAPASWI S. Defense mechanisms against DDoS attacks in a cloud computing environment: state-of-the-art and research challenges[J]. IEEE Communications Surveys & Tutorials, 2019, 21(4): 3769-3795.

[4] 岳猛, 王怀远, 吴志军, 等. 云计算中 DDoS 攻防技术研究综述[J]. 计算机学报, 2020, 43(12): 2315-2336.

[5] CNCERT. 2020 年上半年我国互联网网络安全监测数据分析报告[R]. 2020.

[6] 阿里巴巴网络技术有限公司阿里云安全团队. 2020 上半年安全攻防态势报告[R]. 2020.

[7] Amazon Web Services. AWS shield threat landscape[R]. 2020.

[8] Akamai Research and Development Team. Largest ever recorded packets per second-based DDoS attack mitigated by Akamai[EB]. 2020.

[9] ZAND A, MODELO-HOWARD G, TONGAONKAR A, et al. Demystifying DDoS as a service[J]. IEEE Communications Magazine, 2017, 55(7): 14-21.

[10] YUAN B, ZHAO H, LIN C, et al. Minimizing financial cost of DDoS attack defense in clouds with fine-grained resource management[J]. IEEE Transactions on Network Science and Engineering, 2020, 7(4): 2541-2554.

[11] CIMPANU C. Pulse wave-new DDoS assault pattern discovered[EB]. 2017.

[12] IDZIOREK J, TANNIAN M, JACOBSON D. Attribution of fraudulent resource consumption in the cloud[C]//Proceedings of the 2012 IEEE Fifth International Conference on Cloud Computing. Piscataway: IEEE Press, 2012: 99-106.

[13] FICCO M, RAK M. Stealthy denial of service strategy in cloud computing[J]. IEEE Transactions on Cloud Computing, 2015, 3(1): 80-94.

[14] ALI SHAH S Q, KHAN F Z, AHMAD M. The impact and mitigation of ICMP based economic denial of sustainability attack in cloud computing environment using software defined network[J]. Computer Networks, 2021(187): 107825.

[15] SIDES M, BREMLER-BARR A, ROSENSWEIG E. Yo-yo attack[J]. ACM SIGCOMM Computer Communication Review, 2015, 45(4): 103-104.

[16] KUZMANOVIC A, KNIGHTLY E W. Low-rate TCP-targeted denial of service attacks: the shrew vs. the mice and elephants[C]//Proceedings of the 2003 conference on Applications, technologies, architectures, and protocols for computer communications. New York: ACM Press, 2003.

[17] LUO X P, CHANG R. On a new class of pulsing denial-of-service attacks and the defense[C]//IEEE Network and Distributed System Security Symposium. [S.l.:s.n.], 2005.

[18] GUIRGUIS M, BESTAVROS A, MATTA I. Exploiting the transients of adaptation for RoQ attacks on Internet resources[C]//Proceedings of the 12th IEEE International Conference on Network Protocols. Piscataway: IEEE Press, 2004: 184-195.

[19] GUIRGUIS M, BESTAVROS A, MATTA I. On the impact of low-rate attacks[C]//Proceedings of the 2006 IEEE International Conference on Communications. Piscataway: IEEE Press, 2006: 2316-2321.

[20] FENG Z Q, BAI B, ZHAO B K, et al. Shrew attack in cloud data center networks[C]// Proceedings of the 2011 Seventh International Conference on Mobile Ad-hoc and Sensor Networks. Piscataway: IEEE Press, 2011: 441-445.

[21] LUO J T, YANG X L. The NewShrew attack: a new type of low-rate TCP-Targeted DoS attack[J]. 2014 IEEE International Conference on Communications. 2014: 713-718.

[22] LUO J T, YANG X L, WANG J, et al. On a mathematical model for low-rate shrew DDoS[J]. IEEE Transactions on Information Forensics and Security, 2014, 9(7): 1069-1083.

[23] TANG Y J, LUO X P, HUI Q, et al. Modeling the vulnerability of feedback-control based Internet services to low-rate DoS attacks[J]. IEEE Transactions on Information Forensics and Security, 2014, 9(3): 339-353.

[24] 刘孟. 云环境下 DDoS 攻防体系及其关键技术研究[D]. 南京: 南京大学, 2016.

[25] 陈兴蜀, 滑强, 王毅桐, 等. 云环境下 SDN 网络低速率 DDoS 攻击的研究[J]. 通信学报, 2019, 40(6): 210-222.

[26] CAO J H, XU M W, LI Q, et al. Disrupting SDN via the data plane: a low-rate flow table overflow attack[C]//International Conference on Security and Privacy in Communication Networks (Secure Comm). [S.l.:s.n.], 2017.

[27] SHAN H S, WANG Q Y, PU C. Tail attack on web applications[EB]. 2017.

[28] CAO J H, LI Q, XIE R J, et al. The CrossPath attack: disrupting the SDN control channel via shared links[C]//USENIX Security Symposium. [S.l.:s.n.], 2019.

[29] 谢升旭, 魏伟, 邢长友, 等. 面向 SDN 拓扑发现的 LDoS 攻击防御技术研究[J]. 计算机工程与应用, 2020, 56(10): 88-93.

[30] PASCOAL T A, FONSECA I E, NIGAM V. Slow denial-of-service attacks on software defined networks[J]. Computer Networks, 2020(173): 107223.

[31] LI Z, JIN H, ZOU D Q, et al. Exploring new opportunities to defeat low-rate DDoS attack in container-based cloud environment[J]. IEEE Transactions on Parallel and Distributed Systems, 2020, 31(3): 695-706.

[32] PETERSON A, JERO S, HOQUE M E, et al. aBBRate: automating BBR attack exploration using a model-based approach[C]//Proceedings of 23rd International Symposium on Research in Attacks, Intrusions and Defenses. [S.l.:s.n.], 2020: 225-240.

[33] YUE M, WANG M X, WU Z J. Low-high burst: a double potency varying-RTT based full-buffer shrew attack model[J]. IEEE Transactions on Dependable and Secure Computing, 2021, 18(5): 2285-2300.

[34] YUE M, LI J, WU Z J, et al. High-potency models of LDoS attack against CUBIC + RED[C]// Proceedings of the IEEE Transactions on Information Forensics and Security. Piscataway: IEEE Press, 2021: 4950-4965.

[35] YUE M, LIU L, WU Z J, et al. Identifying LDoS attack traffic based on wavelet energy spectrum and combined neural network[J]. International Journal of Communication Systems, 2018, 31(2): e3449.

[36] CHEN Z M, YEO C K, LEE B S, et al. Power spectrum entropy based detection and mitigation of low-rate DoS attacks[J]. Computer Networks, 2018, 136(5): 80-94.

[37] BHUSHAN K, GUPTA B B. Hypothesis test for low-rate DDoS attack detection in cloud computing environment[J]. Procedia Computer Science, 2018(132): 947-955.

[38] TANG D, TANG L, SHI W, et al. MF-CNN: a new approach for LDoS attack detection based on multi-feature fusion and CNN[J]. Mobile Networks and Applications, 2021, 26(4): 1705-1722.

[39] ŞIMŞEK M, ŞENTÜRK A. Fast and lightweight detection and filtering method for low-rate TCP targeted distributed denial of service (LDDoS) attacks[J]. International Journal of Communication Systems, 2018, 31(18): e3823.

[40] CHEN Y, HWANG K, KWOK Y K. Collaborative defense against periodic shrew DDoS attacks in frequency domain[J]. ACM Transactions on Information & System Security, 2005: 1-30.

[41] 何炎祥, 曹强, 刘陶, 等. 一种基于小波特征提取的低速率 DoS 检测方法[J]. 软件学报, 2009, 20(4): 930-941.

[42] XIE R J, XU M W, CAO J H, et al. SoftGuard: defend against the low-rate TCP attack in SDN[C]//Proceedings of the ICC 2019 - 2019 IEEE International Conference on Communications (ICC). Piscataway: IEEE Press, 2019: 1-6.

[43] 颜通, 白志华, 高镇, 等. SDN 环境下的 LDoS 攻击检测与防御技术[J]. 计算机科学与探索, 2020, 14(4): 566-577.

[44] WU Z J, PAN Q B, YUE M, et al. Sequence alignment detection of TCP-targeted synchronous low-rate DoS attacks[J]. Computer Networks, 2019(152): 64-77.

[45] TANG D, TANG L, DAI R, et al. MF-Adaboost: LDoS attack detection based on multi-features and improved Adaboost[J]. Future Generation Computer Systems, 2020, 106(C): 347-359.

[46] YUE M, WANG H Y, LIU L, et al. Detecting DoS attacks based on multi-features in SDN[J]. IEEE Access, 2020(8): 104688-104700.

[47] LI X M, LUO N G, TANG D, et al. BA-BNN: detect LDoS attacks in SDN based on bat algorithm and BP neural network[C]//Proceedings of the 2021 IEEE Intl Conf on Parallel & Distributed Processing with Applications, Big Data & Cloud Computing, Sustainable Computing & Communications, Social Computing & Networking (ISPA/BDCloud/SocialCom/SustainCom). Piscataway: IEEE Press, 2021: 300-307.

[48] TANG D, CHEN J W, WANG X Y, et al. A new detection method for LDoS attacks based on data mining[J]. Future Generation Computer Systems, 2022, 128(C): 73-87.

[49] SHI W, TANG D, ZHAN S J, et al. An approach for detecting LDoS attack based on cloud model[J]. Frontiers of Computer Science, 2022, 16(6): 166821.

[50] YANG G, GERLA M, SANADIDI M Y. Defense against low-rate TCP-targeted denial-of-service attacks[C]//Proceedings of Ninth International Symposium on Computers and Communications. Piscataway: IEEE Press, 2004: 345-350.

[51] EFSTATHOPOULOS P. Practical study of a defense against low-rate TCP-targeted DoS attack[C]//Proceedings of the 2009 International Conference for Internet Technology and Secured Transactions. Piscataway: IEEE Press, 2009: 1-6.

[52] KUZMANOVIC A, KNIGHTLY E W. Low-rate TCP-targeted denial of service attacks and counter strategies[J]. IEEE/ACM Transactions on Networking, 2006, 14(4): 683-696.

[53] MOHAN L, BIJESH M G, JOHN J K. Survey of low rate denial of service (LDoS) attack on RED and its counter strategies[C]//Proceedings of the 2012 IEEE International Conference on Computational Intelligence and Computing Research. Piscataway: IEEE Press, 2012: 1-7.

[54] ZHANG C W, YIN J P, CAI Z P, et al. RRED: robust RED algorithm to counter low-rate denial-of-service attacks[J]. IEEE Communications Letters, 2010, 14(5): 489-491.

[55] WU Z J, WANG M X, YAN C C, et al. Low-rate DoS attack flows filtering based on frequency spectral analysis[J]. China Communications, 2017, 14(6): 98-112.

[56] TANG D, ZHANG S Q, YAN Y D, et al. Real-time detection and mitigation of LDoS attacks in the SDN using the HGB-FP algorithm[J]. IEEE Transactions on Services Computing, 2022, 15(6): 3471-3484.

[57] TANG D, WANG X Y, YAN Y D, et al. ADMS: an online attack detection and mitigation system for LDoS attacks via SDN[J]. Computer Communications, 2022(181): 454-471.

[58] LIU H. A new form of DOS attack in a cloud and its avoidance mechanism[C]//Proceedings of the 2010 ACM Workshop on Cloud Computing Security Workshop. New York: ACM Press, 2010.

[59] AGRAWAL N, TAPASWI S. Low rate cloud DDoS attack defense method based on power spectral density analysis[J]. Information Processing Letters, 2018(138): 44-50.

第2章
云计算中的 LDoS 攻击

🔍 2.1 云计算的安全隐患

云计算的飞速发展，给合法用户带来了诸多便利，但是云计算的新技术和新服务模式同时也暴露出一定的安全隐患，这使 LDoS 攻击有了更佳的用武之地。具体而言，云计算的以下 3 个特点为各种类型的 LDoS 攻击创造了更有利的条件。

1. 弹性伸缩

弹性伸缩是云计算最大的一个特色[1]，体现了资源按需分配的原则。它可根据用户的业务需求和预设策略，自动调整计算资源（例如，CPU 资源、内存资源、存储资源、网络带宽资源等），使资源数量自动随业务负载增长而增加，随业务负载降低而减少，保证业务平稳运行。硬件虚拟化是弹性伸缩得以实现的前提，有两种伸缩方式[2]，一是物理主机内的垂直伸缩，二是物理主机间的水平伸缩。利用弹性伸缩机制，LDoS 攻击者可以向目标虚拟机发送大量虚假请求，如此一来系统进入过载（Overload）状态，进而触发弹性伸缩机制，以迅速扩充资源。首先会进行垂直伸缩，即在本地资源池中分配更多的资源。如果仍不能满足业务需求，则进行水平伸缩，即将服务迁移至具有更多空闲资源的服务器，或在其他物理主机上新建同样的虚拟机实例。在这种情况下，一系列的处理机制将花费时间，造成拒绝服务或服务质量降低[3]。花费的时间主要包括虚拟机进入过载状态的时间、资源分配算法诊断利用率和分配新资源的时间，以及新资源激活的时间。此外，如果在水平伸缩的情况下，虚拟机的迁移或启动新的虚拟机实例也要消耗一定的时间。当系统过载后，为了降低自身的资源消耗或隐蔽其攻击行为，攻击者可以暂停攻击，待系统资源恢复正常后，再次发起下一轮攻击。

2. 即用即付

即用即付计费模式按照用户使用资源数量的多少来计费。这使得云计算用户可直接租赁所需的资源，而无须关心购买物理设备以及设备维护的问题。攻击者利用云计算的即用即付模型可以实现经济可持续拒绝（Economic Denial of Sustainability，EDoS）攻击[4]，其目的是给云计算用户造成巨大的经济损失。EDoS是一种攻击模式，而不是一种具体的攻击方法。EDoS 有两种形式。第一种称之为"显式"攻击，这种方式与弹性伸缩相关。以 Web 服务为例，攻击者模拟正常用户行为，向托管在云计算数据中心的 Web 应用服务器发送大量 GET请求，数据中心必然开启更多的虚拟机实例来满足用户的服务请求，这样一来就导致合法用户所用资源显著增加的假象。如果在按资源使用量付费的服务模式下，EDoS 攻击将导致用户费用增加。第二种称之为"隐式"攻击，在这种方式下，攻击者可以采用放大式 EDoS 攻击，即利用小的请求包触发大的响应包。在按照服务流量计费的模式下，EDoS 攻击可以慢慢诱发额外流量。例如，一个典型的 GET 请求为 1KB，但是平均网页大小一般大于 1MB。如果每秒发送一个 GET 请求，每天将会形成 84GB 的服务响应[5]。可想而知，这种 EDoS 攻击表面上看速率较低，实际上在日积月累后同样会造成巨大的经济损失。总的来说，EDoS 攻击造成的影响体现在两方面，一是云服务提供商向云基础设施供应商支付高额的费用，这样才能保证其自身的服务质量。二是云计算消费者不得不替 EDoS 攻击流付费，而向云服务提供商支付巨额费用。

3. 多租户

多租户是指多个云计算服务商共享云计算的 IaaS 资源。多租户的模式允许不同组织或企业的虚拟机驻留在同一个物理主机上，这样提高了系统的硬件利用率，也增加了云基础设施供应商的硬件投资回报率。但是，这种多租户模式导致了资源竞争的问题（例如，带宽资源的竞争[6]、存储资源的竞争[7]）。在这种情况下，LDoS 攻击者便有机可乘，表现在被 LDoS 攻击的目标会持续占用更多的资源，这必然会影响与其共享物理资源的其他虚拟机的性能，即使采用隔离技术也无法有效地缓解这种攻击。在无法保证 QoS 的情况下，又会导致虚拟机的迁移，从而使租户承担高额的管理费用，而攻击严重时甚至会导致服务中断。这种攻击方式有两种场景，一种是来自云计算数据中心外部的恶意用户攻击内部虚拟机，另一种是云计算数据中心内部某个虚拟机本身就是恶意租户，在商业竞争的目的下，攻击其他租户。可以预见，在利益的驱动下，云基础设施供应商甚至有可能策划攻击。为了赚取更多的金钱，云基础设施供应商直接或间接地向设备及其租户发起攻击，这种情况下攻击更容易实施，因为云基础设施供应商掌握了计费模式、资源利用率、资源分配策略等关键信息。而对于这种恶意的攻击却极其难以识别，因为有可能是云基础设施供应商与攻击者合谋。

🔍2.2　云计算中 LDoS 攻击的组织

　　云计算平台存在的上述安全隐患，使 LDoS 攻击的组织和攻击的类型都有了新的变化。攻击者组织僵尸网络变得更简单，平台也更加多样化，移动端、物联网、虚拟机均成为僵尸网络寄宿平台的新宠。攻击类型上，一是各类反射攻击或者大流量 Flood 消耗系统资源，二是以慢速攻击精准打击业务系统。

　　在云计算环境下组织 LDoS 攻击与传统网络中的 LDoS 攻击场景相似，但云计算平台下丰富的资源迫使攻击者策划更为强大的或更为智能的 LDoS 攻击。攻击者可能是一组主机仅用自己的资源发起 LDoS 攻击，更有可能利用分布在世界各地的僵尸网络发起攻击，甚至有可能形成与僵尸网络具有同量级资源的攻击云[8]。云计算下组织 LDoS 攻击的场景如图 2-1 所示。

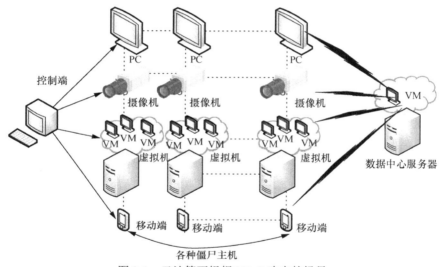

图 2-1　云计算下组织 LDoS 攻击的场景

　　面向云计算的 LDoS 攻击可以有多种策划方式，分布式的 LDoS 攻击是主要形式。在云计算下，攻击者除了可以利用传统的方式组织 LDoS 攻击，还可以获取除 PC 外大量不同类型的僵尸网络实施分布式的 LDoS 攻击。

　　第一，来自移动端的威胁呈增大趋势。智能手机的飞速发展，越来越多的移动设备用户接入互联网。然而，大多数的移动设备欠缺安全防御能力[9]，随着其处理能力、带宽以及各种资源的激增，移动设备正成为攻击者发起 LDoS 攻击的理想工具。例如，研究人员指出，安卓平台下的恶意软件可实现 LDoS 攻击[9]。

第二，泛化的接入方式使得用户可以通过各种不同类型的终端设备访问云计算数据中心。例如，物联网和智能生活的数字变革给用户带来便捷的同时，同样也给 LDoS 攻击者提供了便利。已经有利用摄像机实施攻击的实例[10]。可以预见，在不久的将来，利用打印机、电视机等设备组织实施攻击将不再稀奇。

第三，僵尸云（BotClouds）成为新兴的攻击手段。云计算平台提供 IaaS、PaaS 和 SaaS 3 种服务模式，攻击者可以廉价租用大量虚拟机组成僵尸网络，或者通过云计算平台部署和出租僵尸网络。这省去了攻击者感染傀儡机的过程，相较于传统的攻击方式，极大地节省了时间与成本[11]。在这种情况下，如果攻击者租用某云计算平台服务（如虚拟机实例）组建僵尸网络，并且攻击目标就是该云计算平台，则可以发动云计算数据中心内部 VM-to-VM 式的攻击[12-13]。

2.3　云计算中 LDoS 攻击的分类

与传统网络相比，云计算平台面临多种 DoS 攻击。从攻击脉冲速率上来说，一方面是泛洪式 DoS 攻击，主要采取"暴力"的方式消耗系统资源；另一方面是在云计算平台上释放的以更"智能"手段实现的"小而慢"的 DoS 攻击。

各种 LDoS 攻击在云计算平台下日益流行。主要有欺骗性资源消耗（Fraudulent Resource Consumption，FRC）攻击、Yo-Yo 攻击、流表超时攻击，以及本书重点研究的面向数据中心 TCP 的 LDoS 攻击。对于受害者而言，遭受这类攻击的系统往往会大幅度降低服务质量。而对于攻击者而言，使用这类攻击往往能够获得最佳的性价比，攻击者只需要花费很小的代价就可以获得极其理想的攻击效果。此外，这类攻击脉冲速率低，因此容易逃避检测。

1. FRC 攻击

FRC 攻击是专门针对云计算数据中心的一种 LDoS 攻击，主要利用云计算即用即付的计费模式实现 EDoS 的攻击效果[2-3]。FRC 攻击模型如图 2-2 所示，攻击者先伪造与合法用户行为完全相同的攻击流，然后以"小而慢"的速率持续发送到云计算数据中心。此时，云计算数据中心服务器会正常响应这些流量请求。这样一来，攻击者消耗了云计算数据中心的资源，而更重要的是这种攻击造成了合法用户使用资源的假象，从而骗取合法用户的费用。

图 2-2　FRC 攻击模型

2. Yo-Yo 攻击

Yo-Yo 攻击利用云计算的弹性伸缩机制[4]。攻击者周期性地发送 on-off 攻击流，使系统资源在 scale-up 与 scale-down 之间交替震荡。Yo-Yo 攻击模型如图 2-3 所示，当 scale-up 完成时，攻击流停止（off）。当 scale-down 完成时，攻击者再次开始攻击（on），依此类推。这种攻击会造成受害者占用额外资源的假象，从而导致受害者不得不向云基础设施供应商付费。Yo-Yo 攻击与 FRC 攻击都属于 EDoS 攻击范畴，但与 FRC 攻击不同的是，Yo-Yo 攻击是间歇性的攻击流，而 FRC 攻击是以同一速率持续发送攻击流。

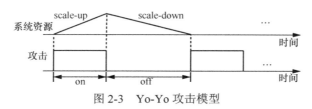

图 2-3　Yo-Yo 攻击模型

3. 流表超时攻击

流表超时攻击利用了 OpenFlow 协议的流表空闲超时机制[5]，流表超时攻击模型如图 2-4 所示。OpenFlow 协议通过设置一个空闲超时计时器来管理流表规则。如果有数据包匹配流表规则，那么计时器重置，否则如果在计时器溢出前一直无数据包匹配某个流表规则，那么该流表规则将被删除。利用这一机制，攻击者只需要按照与计时器匹配的周期注入攻击流，每当空闲超时计时器溢出前重新激活该流表规则，即可达到长期占据流表资源的目的。

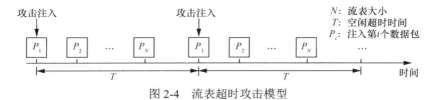

图 2-4　流表超时攻击模型

4. 面向数据中心 TCP 的 LDoS 攻击

数据中心内部网络是指数据中心内部通过高速链路和交换机连接大量服务器的网络。数据中心内部网络大多采用分层的树状路由架构，数据中心内部网络架构如图 2-5 所示[14]。边缘交换设备通常称为架顶交换机。服务器连接到架顶交换机，架顶交换机通过二层交换机连接两台二层聚合交换机以实现冗余备份，后者进一步连接到三层接入路由器，三层核心路由器对进出数据中心的网络流量进行选路。在数据中心内，每个交换设备的出口流量都是由下层的多个本地流量汇聚而成。

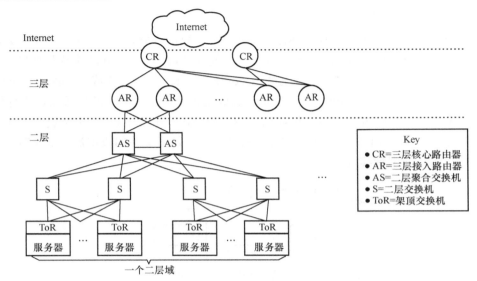

图 2-5　数据中心内部网络架构

　　云计算数据中心网络承载的主要是客户机/服务器模式应用。多种应用同时在同一个数据中心内运行，每种应用一般运行在其特定的服务器/虚拟服务器集合上。每个应用与一个或者多个因特网可路由的 IP 地址绑定，用于接收来自因特网客户端访问。在云计算数据中心内部，传统的泛洪式 DoS 攻击效果欠佳。这是因为云计算数据中心的服务一般支持冗余备份和弹性迁移。例如，云计算数据中心通过心跳机制管理各虚拟节点，而泛洪式 DoS 攻击发送洪水式的攻击流来耗尽服务器资源或者完全阻塞链路。所以，当泛洪式 DoS 攻击发生时，心跳信息也将被阻断。如果在一定周期内收不到某虚拟节点的心跳信息，那么控制节点就会认为该服务器宕机，从而启动备用服务器，将服务迁移。因此，在攻击资源有限的情况下，泛洪式 DoS 攻击打击单个端目标的效果并不明显[15]。

　　在传统 DoS 攻击效果不佳的情况下，LDoS 攻击却有了新的攻击场景。目前的互联网多使用 TCP，加之数据中心特有的网络架构，因此基于 TCP 的 LDoS 攻击便有机可乘。云计算数据中心网络中，同步和汇聚高速率流相对容易实现，攻击者可以利用云计算中共享带宽以及虚拟化的安全隐患，通过拥塞虚拟机之间的瓶颈链路便可触发 TCP 端系统的超时重传、拥塞避免等拥塞控制机制，以此达到降低系统服务质量的目的。

　　LDoS 攻击是一种更为智能的 DoS 攻击，主要利用 TCP 拥塞控制机制的漏洞。LDoS 攻击以降低服务质量为目的，而不是完全耗尽端系统资源或完全堵塞链路。其特点是平均攻击脉冲速率低，所以留有一定的可用带宽供心跳信息通过。加之现有的机制难以对 LDoS 攻击进行有效的检测和防御。所以，当 LDoS 攻击发生时，控制节点感觉不到攻击的存在，而受害端只能默默地维持较低的服务质量。对于云计算数据中心网络的 RTT 来说，TCP 的超时计时器值相对较大，一旦发生超时将导致吞吐量大幅下降，特别是对于时延敏感的短流传输。

云计算数据中心网络架构与传统数据中心网络架构有所不同，其网络的超额认购（Oversubscribed）问题，极易引起 LDoS 攻击。在高带宽数据中心网络，瓶颈链路并不那么明显，但是同步、聚合高速率流却比较容易。一旦有多个来自不同接收端口的流从同一输出端口流出时，过高的聚合流速将导致该链路成为瓶颈。云计算数据中心网络环境低时延的特性使得这种聚合更加容易，几乎不需要额外的同步机制。LDoS 攻击正是通过拥塞瓶颈链路，从而影响经过瓶颈链路的所有 TCP 端系统。因此，云计算数据中心网络容易遭受 LDoS 攻击且危害巨大。本书针对云计算数据中心网络中的 LDoS 攻击进行研究。

云计算数据中心网络中的 LDoS 攻击如图 2-6 所示，假设攻击者（Attacker）处于 R1 域，攻击者进而可以探测 R2 和 R3 之间存在瓶颈链路。之后，攻击者发送周期性的 LDoS 攻击流经过瓶颈链路到达处于另一路由域的接收端（Receiver）。如此一来，攻击流可以轻而易举地拥塞瓶颈链路。此时，与攻击者处于同一路由域的其他 TCP 终端或其他下游（R4）经过瓶颈链路的 TCP 终端成为受害端。综上可以看出，在云计算数据中心多租户的模式下，对以恶意竞争或抢占资源为目的的攻击者而言，LDoS 攻击极具吸引力。

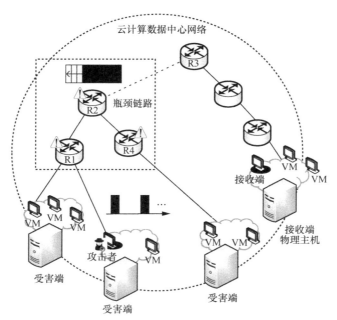

图 2-6　云计算数据中心网络中的 LDoS 攻击

2.4 本章小结

本章从宏观上对云计算中的 LDoS 攻击进行了分析。首先，归纳了云计算可能存在的漏洞，包括弹性伸缩、即用即付、多租户。这些新的技术或服务模型可以被攻击者利用，发起 LDoS 攻击。然后，对云计算环境中 LDoS 攻击的组织方式进行了分析，攻击者可以组织移动端、物联网以及僵尸云对特定目标发起攻击。最后，分析了云计算中几种典型的 LDoS 攻击，以消耗资源手段和以获取经济利益为目的的攻击是常见的攻击方式。在这些攻击方式之中，云计算数据中心面向 TCP 的 LDoS 攻击是本书研究的重点。因此，本章着重分析了这种攻击的攻击场景。

参考文献

[1] MAO M, LI J, HUMPHREY M. Cloud auto-scaling with deadline and budget constraints[C]// Proceedings of the 2010 11th IEEE/ACM International Conference on Grid Computing. Piscataway: IEEE Press, 2010: 41-48.

[2] LUIGI C. Auto scaling on AWS: an overview[EB]. 2013.

[3] MARY I M, KAVITHA P V, PRIYADHARSHINI M, et al. Secure cloud computing environment against DDoS and EDoS attacks[J]. International Journal of Computer Science and Information Technologies, 2014, 5(2): 1803-1808.

[4] PATRICK N. Cybercriminals moving into cloud big time, report says[EB]. 2015.

[5] SOMANI G, GAUR M S, SANGHI D. DDoS/EDoS attack in cloud: affecting everyone out there![C]//Proceedings of the 8th International Conference on Security of Information and Networks. New York: ACM Press, 2015: 169-176.

[6] LIU H. A new form of DOS attack in a cloud and its avoidance mechanism[C]//Proceedings of the 2010 ACM Workshop on Cloud Computing Security Workshop. New York: ACM Press, 2010: 65-76.

[7] ZHANG T W, ZHANG Y Q, LEE R. Memory DoS attacks in multi-tenant clouds: severity and mitigation[EB]. 2016.

[8] MEMARIAN M R, CONTI M, LEPPÄNEN V. EyeCloud: a BotCloud detection system[C]// Proceedings of the 2015 IEEE Trustcom/BigDataSE/ISPA. Piscataway: IEEE Press, 2015: 1067-107.

[9] GONSALVES A. Mobile devices set to become next DDoS attack tool[EB]. 2013.

[10] OVH. The DDoS that didn't break the camel's VAC[EB]. 2016.

[11] LIU A X, CHEN F. Privacy preserving collaborative enforcement of firewall policies in virtual private networks[J]. IEEE Transactions on Parallel and Distributed Systems, 2011, 22(5): 887-895.

[12] SOMANI G, CHAUDHARY S. Application performance isolation in virtualization[C]// Proceedings of the 2009 IEEE International Conference on Cloud Computing. Piscataway: IEEE Press, 2009: 41-48.

[13] GUPTA D, CHERKASOVA L, GARDNER R, et al. Enforcing performance isolation across virtual machines in xen[EB]. 2006.

[14] CISCO. Data center: load balancing data center services SRND[EB]. 2004.

[15] BAKSHI A, DUJODWALA Y B. Securing cloud from DDOS attacks using intrusion detection system in virtual machine[C]//Proceedings of the 2010 Second International Conference on Communication Software and Networks. Piscataway: IEEE Press, 2010: 260-264.

第3章
TCP 拥塞控制

TCP 是互联网中使用最为广泛的传输协议，目前约 95% 以上的网络流量都基于 TCP 传输。TCP 端系统按照拥塞窗口发送数据，并通过拥塞控制算法调整拥塞窗口的大小，以控制数据发送速率。LDoS 攻击正是利用 TCP 拥塞控制机制的漏洞，仅在特定的时机发起攻击，导致 TCP 端系统错误地判断网络拥塞，从而大大降低数据发送速率。本章主要分析 TCP 滑动窗口机制以及典型的 TCP 拥塞控制算法，这些算法都可能成为 LDoS 攻击的对象。

🔍3.1 TCP 滑动窗口机制

TCP 通过 ACK 确认机制保证数据传输的可靠性，最初使用的主动确认算法是 send-wait-send 模式，这种模式后来被称为 stop-wait 模式。在这种模式下，TCP 发送端发出数据后，需要等到接收端反馈的 ACK 确认后再发送新的数据。为了避免 TCP 发送端过快或过慢地发送数据，TCP 接收端会提供一个通告窗口。通告窗口表示接收端能够接收的缓冲区的大小，这个值包含在 TCP 报头中传递给 TCP 发送端。TCP 发送端将参考通告窗口大小，采用滑动窗口机制来控制数据传输。通常发送端的滑动窗口不高于接收端的通告窗口，否则接收端没有足够的空间接收数据包，造成数据包丢失。

TCP 的滑动窗口是面向字节的，即一个窗口表示一定长度的字节数据，滑动窗口可以用来发送一组连续的数据。假设 TCP 接收端的通告窗口为 7，ACK 为 33，基于此 TCP 发送端就可以构造自己的发送窗口，如图 3-1 所示。

在不考虑拥塞控制的情况下，TCP 的发送窗口与通告窗口保持一致，发送端在没有收到 ACK 确认的情况下，可以连续把窗口内的数据都发送出去。凡是发送的数据，在收到 ACK 确认前，都需要暂时保留，以便在重传时使用。发送窗口后沿的左侧为已经发送并得到确认的数据，发送窗口前沿的右侧为当前不允许发送的数据。发送窗口的后沿只有在收到新的 ACK 确认后才可以前移，发送窗口的前沿通常在收到新的 ACK 确认后向前移动。

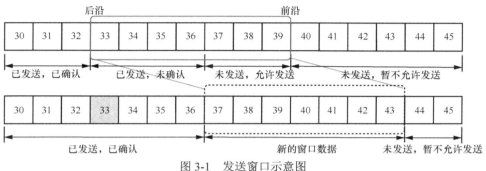

图 3-1　发送窗口示意图

假设发送端 33～36 号数据已发送但并未收到 ACK 确认，而 37～39 号数据允许发送但尚未发送。如果接收端收到了 34～36 号数据，33 号数据可能丢包或者滞留在网络中。此时 TCP 没有按序接收，34～36 号数据只能先暂存还不能送交上层应用程序，接收端会发送序号为 33 的 ACK。发送窗口内的数据如果迟迟收不到来自接收端的 ACK 确认，则会产生超时重传。直至 33 号数据到达，发送端才将 33～36 号数据发送到应用程序，并期望接收新的序号为 37 的数据，此时接收端将序号为 37 的 ACK 发到发送端。发送端收到该 ACK 后，将滑动窗口向前移动 4 个单位。这样就有新的数据 40～43 落入滑动窗口内，同时将已经确认传输成功的数据 33～36 移出窗口。接下来，TCP 发送端会发送新窗口内的数据。

在 TCP 滑动窗口机制中，需要注意：虽然发送端的窗口是根据接收端的通告窗口设置的，但在同一时刻，发送端的发送窗口并不一定总和接收端的通告窗口一样大。这是因为网络传送窗口值需要经历一定的时间，且该时间在复杂的网络场景下是不确定的。此外，发送端还可能根据当前的网络拥塞情况适当调整自己的发送窗口大小；TCP 一般会提供接收端累计确认和携带确认机制，这样可以减少传输开销，接收端可以在合适的时候发送 ACK 确认，也可以在自己有数据要发送时顺便携带 ACK 确认。但接收端也不应过分推迟发送 ACK 确认，否则会导致发送端不必要的超时重传，这反而浪费了网络资源。而携带 ACK 确认实际上并不是时常发生的，因为大多数应用程序很少同时在两个方向上发送数据。

3.2　典型 TCP 拥塞控制算法

TCP 发送窗口和通告窗口从端到端的角度提供了流量控制，而从端到网络的角度来说，TCP 是通过拥塞控制机制来寻求一个合理的速率向网络中发送数据。TCP 拥塞控制算法很多，本节假设发送窗口不受通告窗口的限制，然后对典型的 TCP 拥塞控制算法进行归纳分析。

3.2.1 Reno 算法

Reno[1]算法是 1990 年提出的，由 RFC 2581 首先将其标准化，后来被 RFC 5681 取代。Reno 算法继承了早期 Tahoe 算法中的慢启动（Slow Start，SS）[2]、拥塞避免（Congestion Avoidance，CA）和快速重传（Fast Recovery，FR）策略，在此基础上新加入了快速恢复机制，以解决 Tahoe 算法丢包后窗口波动以及传输效率过低的问题。Reno 算法的核心是通过调节两个变量控制拥塞，即拥塞窗口 cwnd 和拥塞窗口门限 ssthresh。cwnd 用于限制 TCP 流的发送速率，ssthresh 用于控制 cwnd 的增长方式。Reno 算法可以用图 3-2 所示的状态机表示。

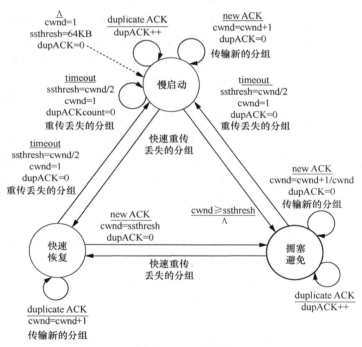

图 3-2　Reno 状态机

TCP 建立连接后，从慢启动状态开始，此时 cwnd 为 1 个最大报文段大小（Max Segment Size，MSS）。此阶段可能发生以下 3 种情况。

（1）如果收到新的 ACK 确认，则每收到 1 个 ACK，cwnd 加 1（即增加 1 个 MSS）来传输新的分组，直到 cwnd 达到 ssthresh 后进入拥塞避免状态。

（2）如果收到重复的 ACK，且累计达到 3 个，则先将 ssthresh 变为当前 cwnd 的一半，然后将 cwnd 调整为 ssthresh 加 3，然后重传丢失的分组，并进入快速恢复状态。

（3）如果发生超时，则 ssthresh 变为当前窗口的一半，并将 cwnd 降到 1，且重传丢失的分组，仍然执行慢启动。

TCP 处于拥塞避免状态，此时可能发生以下 3 种情况。

（1）收到新的 ACK 确认，则每收到 1 个 ACK 将拥塞窗口增加 1 / cwnd，然后传输新的分组。

（2）收到重复的 ACK，且累计达到 3 个，则先将 ssthresh 变为当前拥塞窗口的一半，然后将 cwnd 调整为 ssthresh 加 3，然后重传丢失的分组，并进入快速恢复状态。

（3）如果发生超时，则 ssthresh 变为当前窗口的一半，并将 cwnd 降到 1，且重传丢失的分组，进入慢启动状态。

TCP 在收到 3 个重复的 ACK 后会执行快速重传/快速恢复，此时可能发生以下 3 种情况。

（1）收到新的 ACK 确认，则将 cwnd 调整为门限值，进入拥塞避免状态。

（2）如果仍然收到重复的 ACK，则不退出快速恢复状态，此时将 cwnd 加 1，并传输新的分组。

（3）如果发生超时，则将 ssthresh 调整为当前窗口的一半，cwnd 降为 1，重传丢失的分组。

从上述分析可以看出，Reno 算法在初始时通过指数形式增大拥塞窗口，以快速达到门限值，当超过门限值后，采用较为保守的线性增长方式，以防止窗口增长过大导致拥塞。各个状态下拥塞窗口的行为如图 3-3 所示。

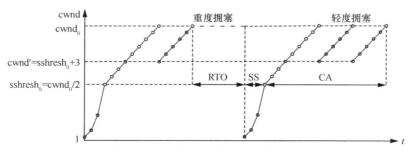

图 3-3　各个状态下拥塞窗口的行为

在慢启动（SS）状态，cwnd 在每次收到 ACK 确认时增加一个分组大小，每个 RTT 会增加 1 倍。如果以 RTT 为时间尺度，则上述 cwnd 遵循时间上的指数增长。慢启动执行，直到 cwnd ≥ ssthresh 时停止，进入拥塞避免状态。

在拥塞避免（CA）状态，Reno 算法希望每个 RTT 增加 1 个分组大小，而 cwnd

的变化是由 ACK 驱动的，即每收到 cwnd 个 ACK 将 cwnd 加 1。所以 Reno 算法允许每收到 1 个 ACK 窗口增加 1 / cwnd。如果以 RTT 为时间尺度，则上述 cwnd 遵循时间上的线性增长。

当网络发生拥塞时，可能有两种情况。第一种是重度拥塞，TCP 超时计时器溢出。此时，cwnd 降为 1，ssthresh 变为当前 cwnd 的一半，然后执行慢启动。第二种是轻度拥塞，即收到 3 个重复的 ACK。此时，设定 ssthresh 的值为当前 cwnd 的一半，同时将 cwnd 的值更新为 ssthresh 加 3。

TCP 大多数情况下应该处于拥塞避免状态，也称为稳定状态。在这一状态下，网络不会出现重度拥塞，拥塞窗口以加性增乘性减（Additive Increase Multiplicative Decrease，AIMD）的方式保持动态平衡。

3.2.2 BIC 算法

BIC 是二分增加拥塞控制（Binary Increase Congestion Control）的简称[3]。在 BIC 之前，典型的拥塞控制算法（Reno[1]、NewReno[4]、SACK[5]等）基本都遵循加性增规则，即每个 RTT 拥塞窗口加 1。这种增长方式在具有较大带宽时延积（Bandwidth Delay Product，BDP）的网络中，对带宽的利用率很低。例如，假设网络带宽为 10Gbit/s，RTT 为 100ms，数据包为 1250byte，则该链路 BDP 约为 100000 个数据包。如果 TCP 从 BDP 的中位（50000）开始增大拥塞窗口，则约需要 50000 个 RTT，即 5000s（约 1.4h）才能充分利用带宽。如果链路状况良好，则上述窗口增长过程显然过于缓慢，且有可能在尚未充分利用带宽之时，TCP 会话就已经结束。

为了解决上述问题，Xu 等[3]在 2004 年提出 BIC 算法，之后成为 Linux 2.6.8 内核默认的拥塞控制算法。该算法主要提高了高速率、高时延网络场景下带宽利用率的问题，同时兼具可扩展性、RTT 公平性、TCP 友好性。BIC 算法将拥塞控制视为一个搜索问题，即找到一个最适合当前网络的拥塞窗口值，网络通过丢包来反馈拥塞窗口与链路容量的大小关系。BIC 算法使用两种策略调整拥塞窗口，分别为二分搜索增长和加性增长[6]，BIC 算法窗口行为如图 3-4 所示。

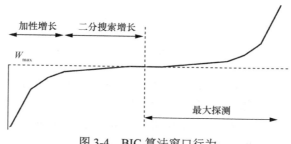

图 3-4 BIC 算法窗口行为

二分搜索增长：假设链路丢包时的拥塞窗口为 $W_{\max}$，该值应该是最佳窗口的上限。之后 BIC 算法采用乘性减的方式减小窗口，假设乘性减小后的窗口为 $W_{\min}$，则有 $W_{\min} = \beta \times W_{\max}$，该值应该是最佳窗口的下限。二分搜索反复计算 $W_{\max}$ 和 $W_{\min}$ 之间的中点 $(W_{\max} + W_{\min}) / 2$，将当前窗口大小设置为中点，并以丢包的形式反馈。如果发生丢包，则将中点作为新的 $W_{\max}$，如果没有丢包，则将中点作为新的 $W_{\min}$。重复上述过程，直到 $W_{\max}$ 和 $W_{\min}$ 之间的差值低于一个预设的最小阈值（$S_{\min}$），此时认为 $W_{\max}$ 与 $W_{\min}$ 已非常接近了。二分搜索增长保证当前窗口与期望窗口之间相差较大时快速增长，而当前窗口接近期望窗口时缓慢增长。二分搜索的窗口服从对数增长，随着窗口大小接近饱和点 $W_{\max}$，增长速率降低。通常，网络丢包的数量与丢失前最后一个窗口增量的大小成正比，因此该算法可减少丢包。

加性增长：为了确保更快地收敛和 RTT 公平性，BIC 算法将二分搜索增长与加性增长相结合。如果 $W_{\max}$ 较大，那么把窗口调整到中点 $(W_{\max} + W_{\min}) / 2$ 时，其增长量可能比较大，也就是说在一个 RTT 里面增长过多，这可能会给网络造成太大压力。为了解决这一问题，BIC 算法定义了一个最大阈值（$S_{\max}$），如果中点和当前窗口值的差大于 $S_{\max}$，那么窗口最多增长 $S_{\max}$，直到差值小于 $S_{\max}$，此时窗口直接增加到期望值。上述规则使得在一个大的窗口减少之后，首先线性增加窗口，然后以对数方式增加。

此外，如果窗口值超过了 $W_{\max}$，那么可以认为稳定状态下的最佳窗口值应该比当前的窗口值还要大，此时就需要搜索出新的 $W_{\max}$。这时候 BIC 拥塞窗口进入一个称为"最大探测"的阶段。在该阶段，首先把 $W_{\max}$ 设置为一个非常大的值，然后采取一个类似慢启动策略，每个 RTT 后窗口值变为 cwnd + $S_{\min}$，cwnd + $2S_{\min}$，cwnd + $4S_{\min}$,…, cwnd + $S_{\max}$，直到增长为 $S_{\max}$ 的时候再次执行二分搜索增长。

当远离饱和值时快速增长，接近饱和值时保守增长。在图 3-4 的左半边，窗口以对数方式增长，这使得拥塞窗口在饱和点处保持更长的时间。这些特性使 BIC 算法非常稳定，同时具有高度可扩展性。在图 3-4 的右半边，如果自上次丢包以来链路可用容量增加了，则拥塞窗口可以一直增长到超过最大值而不发生丢包。BIC 算法以指数方式增长窗口，在开始时较为缓慢。这个特性增加了协议的稳定性，这是因为即使在寻找最大窗口时出错，也会首先在前一个最大值附近找到下一个最大窗口，从而在前一个饱和点停留更长的时间。而后，指数函数增长很快，如果没有丢包，窗口增量会变得很大。

当链路容量变大时，即新的饱和点远远大于上一个饱和点，BIC 算法收敛较慢。而当链路容量变小时，BIC 算法可以安全地作出快速反应，因为丢包发生在上一个最大值之前，并且乘性减小窗口。互联网中的可用带宽会在几个小时的长时间尺度内发生变化。鉴于在高度统计多路复用的环境下，丢包将异步地发生且与带宽消耗成正比，快速收敛是网络环境的自然结果。因此，虽然 BIC 算法在只有少数流竞争的低统计多路复用下可能收敛缓慢，但在典型的 Internet 环境下，它的收敛速度不是问题。

3.2.3　CTCP 算法

复合 TCP（Compound TCP，CTCP）是微软亚洲研究院于 2006 年提出的一种 TCP 拥塞控制算法[7]。从 Windows Vista 开始，CTCP 成为微软所有操作系统默认使用的拥塞控制算法[8]。传统的基于时延的拥塞控制算法（如 Vegas TCP、FAST TCP）主要缺点是相较于基于丢包的算法竞争力较低。因此，CTCP 算法除了有效利用高速链路外，其主要设计目标是在长肥网络中实现更好的 TCP 友好性。

CTCP 的核心是在标准 Reno 算法中增加一个可扩展的基于时延的组件。该组件维护一个可扩展的窗口变化规则，不仅可以有效地探测链路容量，而且还可以通过感知 RTT 的变化对拥塞作出早期响应。当感知到网络未被充分利用时，快速增加窗口，而当感知到瓶颈队列后有效地降低发送速率。CTCP 维护两个拥塞窗口分别是基于丢包的拥塞窗口 lwnd 和基于时延的拥塞窗口 dwnd。

$$\text{cwnd} = \text{lwnd} + \text{dwnd} \tag{3-1}$$

其中，lwnd 针对丢包的拥塞信号作出响应，并与 Reno 规则保持一致。dwnd 针对时延的拥塞信号作出响应，并使用新的规则来改变窗口大小。在 TCP 连接建立的起始阶段，拥塞窗口仍然执行传统的慢启动算法。在慢启动状态 dwnd 设置为 0，只有在拥塞避免状态 dwnd 才起作用。

CTCP 定义基本 RTT 为 baseRTT，baseRTT 以当前测量到的最小 RTT 进行更新。定义 RTT 的平滑估计值为 sRTT。由此，可以得到以下关系：

$$\text{Expected} = \frac{\text{cwnd}}{\text{baseRTT}} \tag{3-2}$$

$$\text{Actual} = \frac{\text{cwnd}}{\text{sRTT}} \tag{3-3}$$

$$\text{Diff} = (\text{Expected} - \text{Actual}) \times \text{baseRTT} \tag{3-4}$$

其中，Expected 表示系统期望的吞吐量，Actual 表示实际的吞吐量，Diff 表示网络中排队的分组数量。每个 RTT，CTCP 算法根据 Diff 与门限值 γ 的关系来调整 dwnd。

$$dwnd(i+1) = \begin{cases} dwnd(i)+[a \times cwnd(i)^{k}-1]^{+}, \ \text{Diff} < \gamma \\ [dwnd(i)-\zeta \times \text{Diff}]^{+}, \ \text{Diff} \geq \gamma \\ [cwnd(i) \times (1-\beta)-lwnd/2]^{+}, \ \text{丢包} \end{cases} \quad (3\text{-}5)$$

其中，$[x]^{+}$ 表示 x 与 0 比较的最大值，i 表示第 i 个 RTT，a、k、ζ、β 为系统控制参数。式（3-5）说明，当 Diff$<\gamma$ 时，说明网络不拥塞，没有分组排队，dwnd 应该增加。而当 Diff$\geq\gamma$ 时，说明网络产生拥塞，dwnd 应该减小。当发生丢包时，即收到 3 个重复的 ACK，则 dwnd 大幅度减小。通常，γ 依据路由器缓存大小、RTT、流数量、BDP 可自适应调整。

CTCP 算法窗口行为如图 3-5 所示，如果 lwnd 的增长率等于 dwnd 的减少率，则得到的 cwnd 保持恒定在 W_0，直到 lwnd 超过 W_0。此时，cwnd 以与 lwnd 相同的线性速率增长，并且 dwnd 减小到零。

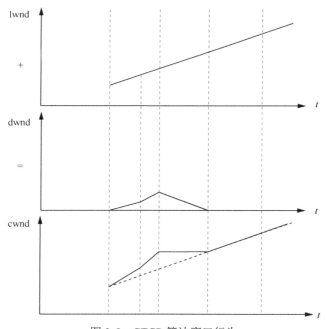

图 3-5 CTCP 算法窗口行为

CTCP 算法基于时延的拥塞窗口能够保证有空闲带宽时迅速提高发送速率来提高带宽利用率。当网络拥塞时，又可以有效地降低发送速率。而基于丢包的拥塞窗口保证吞吐量保持在 Reno 的下限，这使得 CTCP 并不保守，不会比单个 Reno TCP 流引起更多的自发丢包（不会被其他 TCP 压榨），从而实现了良好的 TCP 公平性。

3.2.4 BBR 算法

Google 在 2016 年提出了瓶颈链路带宽和往返传播时延（Bottleneck Bandwidth and Round-Trip Propagation Time，BBR）算法[8]，从其名称可以看出该算法是基于瓶颈链路带宽（BtlBw）和往返传播时延（RTprop）的拥塞控制算法。传统的拥塞控制算法（Reno[1]、NewReno[4]、SACK[5]、CUBIC[6]等）支撑了互联网 40 多年的发展，这些算法大多以丢包来标识拥塞，适用于过去链路带宽不高、网络交换设备缓存不大的有线网络。然而，随着网络架构的发展，目前的网络带宽大大增加，数十 Gbit/s 的链路非常普遍。加之无线链路的大量应用，丢包率和链路天然出错率相当，这就意味着丢包并不一定等同于拥塞，也有可能是数据包出错导致丢包。此外，高速缓存变得廉价，大容量的缓存普遍使用，传统的拥塞控制算法只有当缓存填满后才会丢包。这导致拥塞的响应较慢，且排队时间大大增长，多个 TCP 流抢占路由器缓存，公平性差。而且，频繁的丢包还导致吞吐量震荡、带宽利用率不高。

BBR 算法不基于丢包，是一种基于模型的算法[9]。它将主机之间的通信分为应用受限阶段、带宽受限阶段和缓存受限阶段，在通信过程中实时探测瓶颈链路的带宽和往返传播时延，据此判断网络拥塞情况。BBR 算法所依赖的通信模型如图 3-6 所示。

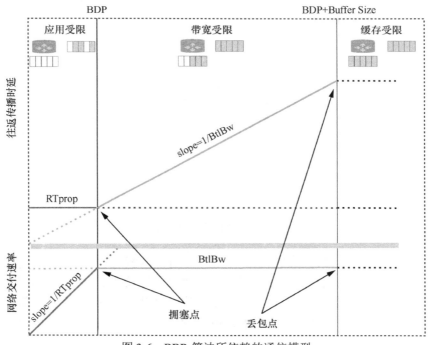

图 3-6　BBR 算法所依赖的通信模型

　　第一，应用受限阶段，TCP 发送端注入速率不高于瓶颈链路带宽，此时没有数据包被缓存，不存在排队时延，因此 RTprop 不变，网络交付速率随着注入速率的升高而升高。第二，带宽受限阶段，TCP 发送端注入的速率超出瓶颈链路带宽，超出的部分将会被缓存，因此会产生排队时延，导致 RTprop 增大。并且随着注入分组数量越来越多，RTprop 也越来越大。而网络交付速率受限于瓶颈链路带宽，因此即使 TCP 发送端提高注入速率，网络交付速率也不会提高。第三，缓存受限阶段，此时带宽和队列都被充满，RTprop 达到峰值，网络交付速率不会变化，且新来的分组将被丢弃。可以看出，拥塞其实在应用受限和带宽受限的交点上就已经发生了，而丢包却延迟一段时间才发生。在互联网的早期，由于路由器缓存比较小，拥塞点和丢包点距离不远，因此基于丢包调整拥塞没有什么问题。但随着路由器缓存的增大，这种时延变得显著，等到丢包后再进行拥塞控制就显得十分迟缓。

　　基于上述通信模型，BBR 算法认为在拥塞点进行拥塞控制是最优的。BBR 算法的状态机如图 3-7 所示，其中包括起始的启动状态（Startup）、排空状态（Drain）、带宽探测状态（Probe_BW）和往返时延探测状态（Probe_RTT）。无论系统处于哪种状态，BBR 算法都需要测量 BtlBw 和 RTprop 两个指标，以感知网络状况。然而，上述两个指标不能同时测量，只有在应用受限状态才能测量 RTprop，而只有在带宽受限阶段才能测量 BtlBw。为此，BBR 激励系统运行于不同的状态。

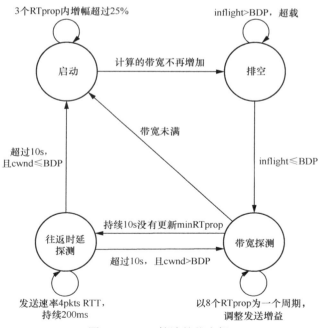

图 3-7　BBR 算法的状态机

TCP 连接建立后，发送端处于启动状态，为了使链路尽快达到最大利用率，cwnd 以 2/ln2 的增益增长，直到连续 3 个 RTprop 网络交付速率增长都不超过 25%，即判定待确认的分组数量（inflight）已超过 BDP。此时，启动状态结束，系统切换至排空状态。

在启动状态倍增 cwnd 的结果是 inflght 超过了 BDP 且是 2 倍及以上，因此需要一个排空过程将超过一个 BDP 的分组排空，否则链路上的分组滞留于队列中，增加了排队时延。排空状态，BBR 将 cwnd 调整为 ln2/2 倍 BDP，直到 inflight 小于或等于 BDP。

对于往返时延探测状态，如果在 TCP 连接刚建立或交互式应用数据不多的情况下，此时系统就处于应用受限状态，不需要单独测量 RTprop。如果在高吞吐量数据收发的情况下，每个周期 10s 内未检测到比上一周期更小的 RTprop，则 BBR 会拿出 2% 的时间（200ms）主动降低发送速率，每个 RTT 只发 4 个分组，从而使系统满足测量条件。可以通过 TCP 头部的时戳进行测量，并将周期内所测量的最小值作为新的 RTprop。

对于带宽探测状态，如果连接初始建立后连续 3 个 RTprop 交付速率的增长不超过 25%，则判定系统处于带宽受限状态，将 10 个 RTprop 内最大的交付速率（交付的数据量除以时间）当作 BtlBw。为了适应网络瓶颈链路的变化，BBR 以 8 个 RTprop 为一个周期，分别将 1.25、0.75、1、1、1、1、1、1 赋值给发送增益 pacing_rate，然后以 pacing_rate×BDP 的速率向网络中注入分组。首先在 1.25 倍发送速率的情况下，如果 RTprop 没有变化，则说明交付速率增加，BtlBw 更新为更大的值。如果 RTprop 变大，则说明交付速率没有增加，BtlBw 不更新。此后 0.75 倍发送速率是为了排空有可能产生的排队。最后 6 个 RTprop 按照 BDP 发送。

BBR TCP 绝大部分时间处于带宽探测和往返时延探测两个状态[10]，在这两个状态下，BBR 控制待确认分组的数量和分组发送间隔。

首先，待确认分组的数量不要超过 BDP，即 inflight < cwnd。

$$cwnd = cwnd\_gain \cdot BDP = cwnd\_gain \cdot BtlBw \cdot RTprop \qquad (3\text{-}6)$$

$$BDP = BtlBw \cdot RTprop \qquad (3\text{-}7)$$

其中，cwnd 为拥塞窗口值，由拥塞窗口增益系数（cwnd_gain）和链路中 BDP 的估计值计算得出。BBR 中 cwnd_gain 一般取值为 2。

其次，传统 TCP 以突发的模式发送分组，可能会导致排队时延。因此 BBR 要控制每个分组的发送间隔，使主机向网络中注入分组的瞬时速率不超过瓶颈链路带宽。分组间隔为：

$$NextSendTime = now + \frac{packet.size}{pacing\_rate} \tag{3-8}$$

$$pacing\_rate = pacing\_gain \cdot BtlBw \tag{3-9}$$

其中，pack.size 为一个 TCP 分组包的大小。

3.3　本章小结

　　TCP 拥塞控制的核心主要在于感知是否出现拥塞以及出现拥塞时如何响应。早期的算法都是以丢包作为拥塞信号，一旦出现拥塞就降低发送速率。后期出现了基于时延的拥塞控制算法，但这些算法太过保守，其竞争力显著低于链路中其他共存的 TCP 算法。CTCP 算法通过维持两个窗口来缓解 TCP 公平性问题。BBR 算法则是基于模型的拥塞控制算法，采用主动创造条件探测的方式来判断拥塞是否发生。LDoS 攻击对于目前的 TCP 拥塞控制算法都有一定效果。目前，TCP 拥塞控制算法仍然在不断发展，未来如果能够设计出具有防御 LDoS 攻击能力的 TCP 拥塞控制算法，将会大大提高 TCP 的安全性。

参考文献

[1] ALLMAN M, PAXSON V, BLANTON E. TCP congestion control[J]. RFC, 1999(2581): 1-14.

[2] STEVENS W R. TCP/IP 详解-卷 1[M]. 范建华, 译. 北京: 机械工业出版社, 2000.

[3] XU L S, HARFOUSH K, RHEE I. Binary increase congestion control (BIC) for fast long-distance networks[C]//Proceedings of the IEEE INFOCOM. Piscataway: IEEE Press, 2004: 2514-2524.

[4] FLOYD S, HENDERSON T R, GURTOV A V. The NewReno modification to TCP's fast recovery algorithm[J]. RFC, 2004(3782): 1-19.

[5] FALL K, FLOYD S. Simulation-based comparisons of Tahoe, Reno and SACK TCP[J]. ACM SIGCOMM Computer Communication Review, 1996, 26(3): 5-21.

[6] HA S, RHEE I, XU L S. CUBIC[J]. ACM SIGOPS Operating Systems Review, 2008, 42(5): 64-74.

[7] TAN K, SONG J, ZHANG Q, et al. A compound TCP approach for high-speed and long distance networks[C]//Proceedings of the INFOCOM 2006.25TH IEEE International Conference on Computer Communications. Piscataway: IEEE Press, 2006: 1-12.

[8] YANG P, ZHANG E T, XU L S. Sizing router buffer for the Internet with heterogeneous TCP[C]//Proceedings of the 2013 IEEE 32nd International Performance Computing and Communications Conference (IPCCC). Piscataway: IEEE Press, 2013: 1-9.

[9] SCHOLZ D, JAEGER B, SCHWAIGHOFER L, et al. Towards a deeper understanding of TCP BBR congestion control[C]//Proceedings of the 2018 IFIP Networking Conference (IFIP Networking) and Workshops. Piscataway: IEEE Press, 2018: 1-9.

[10] HOCK M, BLESS R, ZITTERBART M. Experimental evaluation of BBR congestion control[C]//Proceedings of the 2017 IEEE 25th International Conference on Network Protocols (ICNP). Piscataway: IEEE Press, 2017: 1-10.

第4章
面向 TCP 的 LDoS 攻击模型

LDoS 攻击通过周期性地拥塞链路,触发 TCP 端系统的拥塞控制。攻击者以此达到两个目的:一是导致 TCP 端系统降低拥塞窗口,链路吞吐量大幅度降低;二是攻击流在大部分时间保持沉默,只在固定时间爆发,因此平均速率低,隐藏于正常的网络流量中,不易被发现。自 2003 年提出针对 TCP 超时重传机制的 LDoS 攻击后[1],LDoS 攻击的基本原理没有变化,但是其攻击模型不断演化,其目的是使得攻击效果更好。

🔍 4.1 LDoS 攻击原理

正常情况下的网络拥塞是一个自适应动态调整的过程,路由器和 TCP 端系统共同作用来调节注入网络中的分组数量。LDoS 攻击则是企图按照攻击者的意图在特定时机触发拥塞信号,使得 TCP 端系统误以为网络拥塞,进而降低自身的发送速率。LDoS 攻击原理如图 4-1 所示。

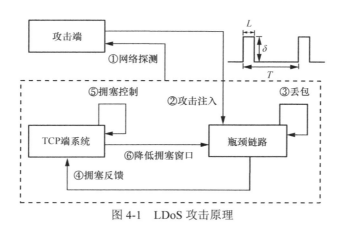

图 4-1　LDoS 攻击原理

攻击端首先对目标网络进行探测,包括超时重传时间、往返时延、瓶颈链路带宽等网络参数。然后以最容易被拥塞的瓶颈链路为直接目标,注入攻击流。当瞬时的攻击流速率与 TCP 流速率之和大于瓶颈链路可用带宽时,链路没有多余的空间容纳新到达的数据包,路由器将其丢弃。数据包的丢失,会导致 TCP 发送端无法收到分组确认,如此形成了一个拥塞反馈。当 TCP 端系统收到拥塞反馈后,便会根据拥塞程度和网络参数启动拥塞控制机制。在拥塞控制的作用下,TCP 端系统将降低其拥塞窗口,从而以较低的速率向网络中注入分组。在这之后,每当 TCP 端系统的拥塞窗口即将恢复到正常水平时,攻击者便注入下一轮攻击流,如此重复上述过程,最后导致 TCP 端系统的拥塞窗口始终维持在很低的水平。

根据上述攻击原理,LDoS 攻击可以用一个 On-Off 开关模型来描述。攻击者只在特定时机发送攻击流,而在其余时间不发送任何流量。每个攻击流是一个高速率的短脉冲,并周期式地重复,模型中包含以下 3 个主要参数。

（1）L 为攻击脉冲的持续时间,在这一段时间内攻击者持续发包,通常 L 的设置与网络往返时延的大小相关,必须能够持续一定时间引起链路拥塞,此外持续时间也不宜过长,会降低其隐蔽性。

（2）δ 为攻击脉冲的速率,这一参数同样要设置在适当的范围,太小不足以拥塞链路引发丢包,太大则会浪费攻击资源,且容易被识别。在实际中,为了简化攻击的实施,δ 通常设置为常数,此时为矩形脉冲。

（3）T 为攻击脉冲的重复周期,LDoS 攻击的核心就在于选择特定的攻击时机,因此攻击周期至关重要。通常攻击者可以根据所利用的 TCP 拥塞控制机制,以及想要达到的攻击效果来灵活调整 T。

4.2　典型的 LDoS 攻击模型

典型的 LDoS 攻击模型利用了 RTO 和 AIMD 机制的漏洞,攻击者通过调节攻击脉冲的发起时机制造不同的攻击效果。针对 RTO 的 LDoS 攻击目标是使链路产生重度拥塞[1],TCP 会频繁进入超时状态。针对 AIMD 的 LDoS 攻击目标是使链路产生轻度拥塞,TCP 会频繁进入拥塞避免状态。相较而言,针对 RTO 的 LDoS 攻击模型效果更好,针对 AIMD 的 LDoS 攻击模型隐蔽性更强。

4.2.1　针对 RTO 的 LDoS 攻击模型

TCP 提供超时重传机制,目的是重传发送端发出但有可能丢失的数据包。当网络发生严重拥塞后,由于没有新的 TCP 分组到达接收端,因此 TCP 发送端会在很长一段时间内无法收到对之前分组的确认。当 RTO 计时器溢出时,拥塞窗口将被降低到 1，然后重传丢失的分组。如果重传成功，则 TCP 执行慢启动，每个 RTT 以指数的方式增加拥塞窗口，从而快速提高发送速率。如果重传仍然超时，则 TCP 将下次 RTO 计时器的值以 2 的指数形式增加，继续重传分组[2-4]。

　　基于上述原理，可以建立两种 LDoS 攻击模型。如果攻击脉冲能够与 RTO 计时器同步，即每次发生重传的时候攻击者向网络中注入攻击流，导致重传失败。如此一来，可以使拥塞窗口一直保持在 1，而链路的吞吐量为 0。同步 LDoS 攻击模型如图 4-2 所示。

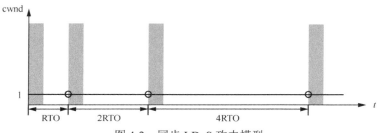

图 4-2　同步 LDoS 攻击模型

　　虽然同步 LDoS 攻击模型可以最大限度的降低 TCP 吞吐量，但是在实际网络环境中精确地与 RTO 计时器同步比较困难，这是因为 RTO 与 RTT 紧密相关，而 RTT 会随排队时延、传播时延等变化。此外，攻击流受网络状态的影响无法在非常精确的时间到达瓶颈链路，所以严格的时间同步比较困难。为了降低攻击难度，在实际网络中通常采取一种更容易实施的攻击模型，称之为异步 LDoS 攻击，模型如图 4-3 所示。

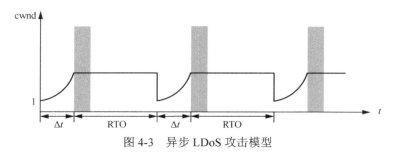

图 4-3　异步 LDoS 攻击模型

　　异步 LDoS 攻击模型稍稍延长了攻击脉冲的周期，从而允许 TCP 分组重传成功。这样一来，RTO 始终按照 minRTO 更新，攻击者不需要每一轮都更改攻击周期。虽然，异步 LDoS 攻击模型没有使拥塞窗口维持在最低值，但是依然可以使吞吐量远低于正常水平。

4.2.2　针对 AIMD 的 LDoS 攻击模型

　　从小时间尺度上来说，网络流量是一个动态调整的过程，大多数情况下 TCP

通过 AIMD 机制调整拥塞窗口[5]。当 TCP 端系统收到 3 个重复的 ACK 时，认为网络发生轻度拥塞。为了缓解拥塞，TCP 将触发快速重传/恢复策略，首先将发送窗口降低为当前窗口的一半（乘性减（MD）），并重传丢失的分组，如果重传成功，则继续通过线性的方式重新探测拥塞窗口的上限，即以 RTT 为时间尺度，每个 RTT 加 1（加性增（AI））。

基于上述原理，攻击者可以实施两种攻击模型[6]。假设 AIMD 的参数设置为典型值 $(1, 1/2)$，拥塞窗口的初始值为 W_0，经过 n 次攻击脉冲之后的拥塞窗口大小为 W_n。第 i 次攻击脉冲发起时刻为 t_i，此时的拥塞窗口为 W_i。基于 AIMD 的 LDoS 攻击模型 1 如图 4-4 所示，可以推导出：

$$t_i = t_{i-1} + \left(k - \frac{1}{2}\right) \times W_{i-1} \times \text{RTT} \tag{4-1}$$

其中，式（4-1）等号右侧第二部分表示拥塞窗口从 $\beta \times W_{i-1}$ 增长到 $k \times W_{i-1}$ 所用的时间。进一步迭代推导可以得出：

$$t_i = t_0 + \frac{1-k^i}{1-k} \times (k - 0.5) \times W_{i-1} \times \text{RTT} \tag{4-2}$$

可以看出，攻击脉冲的时间间隔越来越短，当经过 $\text{lb}(1/W_0)/\text{lb}(k/2)$ 个攻击脉冲后拥塞窗口趋近于最小值 1。

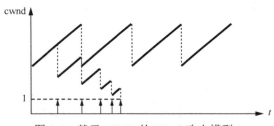

图 4-4   基于 AIMD 的 LDoS 攻击模型 1

上述攻击模型 1 需要精确估计 RTT，每个脉冲间隔都需要调整，因此实现难度较大。采用固定间隔的脉冲，基于 AIMD 的 LDoS 攻击模型 2 如图 4-5 所示。

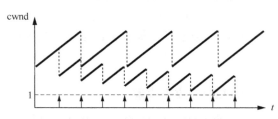

图 4-5   基于 AIMD 的 LDoS 攻击模型 2

假设攻击者设定的攻击脉冲间隔为 Δt，则第 i 次攻击脉冲发起时的拥塞窗口为：

$$W_i = \frac{1}{2} \times W_{i-1} + \frac{\Delta t}{\mathrm{RTT}} \qquad (4\text{-}3)$$

进一步推导得出：

$$W_i = \frac{1}{2^i} \times W_0 + 2 \times \left(1 - \frac{1}{2^i}\right) \times \frac{\Delta t}{\mathrm{RTT}} \times \frac{1}{2} \qquad (4\text{-}4)$$

可以得出，经过 $\mathrm{lb}\left(\dfrac{W_0 - 2\Delta t / \mathrm{RTT}}{1 - 2\Delta t / \mathrm{RTT}}\right)$ 个攻击脉冲，发送端拥塞窗口最终趋近于最小值 1，攻击脉冲间隔越小，所需的时间越短。

4.3　增强的 LDoS 攻击模型

在典型 LDoS 攻击模型的基础上[7-11]，可以衍生出很多变种的攻击模型。这些模型的攻击原理没有变化，只是通过精确设置攻击脉冲发起的时机，从而增强攻击性能。在以下的分析中，假设链路带宽为 C，路由器缓冲区大小为 B，二者共同构成了瓶颈链路容量。此外，由于排队时延很小，因此假设 RTT 固定不变。

4.3.1　变速率 LDoS 攻击模型

变速率 LDoS 攻击模型是针对 RTO 攻击模型的一种改进，目的是通过精确设计攻击参数，降低攻击所需资源。无论是从攻击代价的角度，还是从躲避检测的角度，变速率攻击的性能都更好。发送到网络中的分组首先会占用链路带宽，当分组数量超过 B 后，额外的分组会继续占用路由器缓冲区。当发送的分组超过 $B + C$ 后，就会造成丢包，触发拥塞控制。基于此，攻击者可以首先发送一个高速攻击流来填充路由器缓冲区。一旦缓冲区被填满，攻击者降低攻击脉冲速率到链路带宽的水平。如此一来，构成了一个变速率 LDoS 攻击模型，如图 4-6 所示。

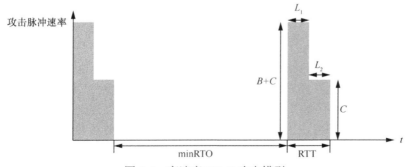

图 4-6　变速率 LDoS 攻击模型

根据上述分析,每个攻击脉冲分为两个阶段。假设攻击者第一阶段发出的攻击脉冲速率为 $\delta_{\max}$,这一阶段持续的时间为 L_1。这一阶段攻击者需要将路由器缓冲区全部填满,因此可以计算出 $L_1 = \dfrac{B}{\delta_{\max} - C}$。当缓冲区被填满后,进入第二阶段,此时攻击者将攻击脉冲速率降低到 C,此时链路排出分组的速率等于新进入链路分组的速率,使得路由器缓冲区始终保持在满的状态。这一阶段 $L_2 =$ RTT $- L_1$,在该阶段,可以通过发送最少的攻击包(最小的攻击代价),使所有 TCP 分组无法进入路由器缓存队列(最好的攻击效果)。

虽然变速率 LDoS 攻击模型具有较好的攻击性能,但是实现上也具有一定难度,需要具备网络状态的一些先验知识。目前的网络测量技术可以为攻击者提供便利,攻击者可以使用一些现有的技术来估计瓶颈链路带宽、路由器缓冲区大小和往返时延等关键网络参数。

4.3.2 满速率 LDoS 攻击模型

满速率 LDoS 攻击是在考虑 TCP 背景流量的前提下提出的,LDoS 攻击的场景下,除了攻击流还有合法 TCP 流量。如果能利用合法 TCP 流量制造拥塞,那么将节省攻击资源。为了达到上述目标,攻击者可以调整攻击脉冲发起时机,形成满速率 LDoS 攻击模型,如图 4-7 所示。

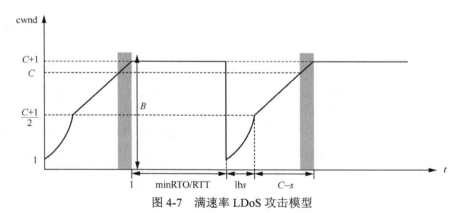

图 4-7 满速率 LDoS 攻击模型

图 4-7 中拥塞窗口的变化以 RTT 为时间尺度,可以看出攻击者允许 TCP 发送端完成慢启动,并允许拥塞窗口保持线性增长到链路带宽 C 后发起攻击。在这种情况下,链路带宽已经被 TCP 分组占满,攻击者只需要发送速率为 B 的攻击脉冲填满路由器缓冲区即可,因此相较于典型的攻击模型节省了攻击资源。

当 TCP 拥塞窗口达到链路带宽 C 时,LDoS 攻击脉冲到达,经过 1 个 RTT 后,拥塞窗口变为 $C+1$,TCP 开始进入超时等待状态。根据乘性减(MD)机制,此

时的慢启动门限 s 设为 $\dfrac{C+1}{2}$。接下来，TCP 处于超时等待阶段，这一阶段由于没有新的分组发送成功，因此不更新拥塞窗口。直到 RTO 计时器溢出，执行慢启动，拥塞窗口从 1 按照指数增长，这一阶段持续时间为 lb$s$ 个 RTT。当拥塞窗口超过慢启动门限后，进入线性增长阶段，每个 RTT 增加 1。这一阶段一直持续到拥塞窗口到达 C 为止，持续时间为 $(C-s)\times$ RTT。

综上，可以推导出攻击周期：

$$T = \text{minRTO} + \left[\ \text{lb}s + (C - s + 1)\right]\times \text{RTT} \tag{4-5}$$

满速率 LDoS 攻击模型虽然给予 TCP 更多增长窗口的空间，即所造成的 TCP 损耗低于典型的 LDoS 攻击模型，但是满速率 LDoS 攻击减少了攻击资源的消耗。这是因为，攻击脉冲的周期延长了。如果将单个攻击包造成的 TCP 包损耗定义为攻击效能，则满速率 LDoS 攻击模型的效能高于典型的 LDoS 攻击模型。

4.3.3　满队列 LDoS 攻击模型

满队列 LDoS 攻击在满速率 LDoS 攻击的基础上进一步提高了攻击效能，通过选取更好的攻击时机来延长攻击周期和降低攻击脉冲速率。满队列 LDoS 攻击一直等待链路带宽和路由器缓冲区都被 TCP 包占满，攻击者只需要发送很小的速率即可维持链路容量满的状态。满队列 LDoS 攻击模型如图 4-8 所示。

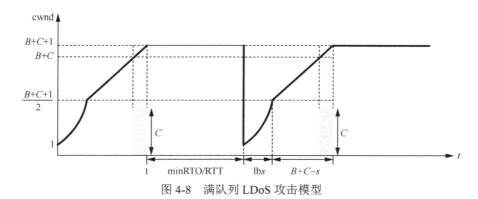

图 4-8　满队列 LDoS 攻击模型

图 4-8 中拥塞窗口的变化仍然以 RTT 为时间尺度，可以看出攻击者允许 TCP 发送端完成慢启动，并允许拥塞窗口保持线性增长到链路容量 $B+C$ 后发起攻击。在这种情况下，链路带宽和路由器缓冲区都被 TCP 分组占满，攻击者只需要发送速率为 C 的攻击脉冲即可使入口速率等于出口速率，始终保持路由器缓冲区满。

当 TCP 拥塞窗口达到链路容量 $B+C$ 时，如果没有 LDoS 攻击到来，那么由于链路容量占满，因此链路本身也会丢包，然后 TCP 会执行快速重传。而此时攻击脉冲的到达,会使拥塞窗口达到 $B+C$ 后一个 RTT 内的数据包都丢失,这样 TCP 会进入超时等待状态。由于经过了一个 RTT,因此拥塞窗口变为 $B+C+1$。此时的慢启动门限 s 设为 $\dfrac{B+C+1}{2}$。接下来,TCP 处于超时等待阶段,这一阶段由于没有新的分组发送成功,因此不更新拥塞窗口。直到 RTO 计时器溢出,执行慢启动,拥塞窗口从 1 按照指数增长,这一阶段持续时间为 lb$s$ 个 RTT。当拥塞窗口超过慢启动门限后,进入线性增长阶段,每个 RTT 增加 1。这一阶段一直持续到拥塞窗口到达 $B+C$ 为止,持续时间为 $(B+C-s)\times\text{RTT}$。

综上,可以推导出攻击周期:

$$T = \text{minRTO} + \left[\text{lb}s + (B+C-s+1)\right] \times \text{RTT} \tag{4-6}$$

相较于满速率 LDoS 攻击模型,满队列 LDoS 攻击模型允许 TCP 拥塞窗口增长到更大的值,即所造成的 TCP 损耗低于满速率 LDoS 攻击模型,但是满队列 LDoS 攻击模型进一步延长了攻击周期。如果路由器缓冲区大小按照典型的带宽时延积设定,那么满队列和满速率 LDoS 模型的攻击脉冲速率是相同的。在此情况下,满队列 LDoS 攻击能够获得比满速率 LDoS 攻击更高的攻击效能。

4.4　本章小结

本章对 LDoS 攻击的基本原理和多种攻击模型进行分析,这些攻击模型都可以在云计算平台下实施。典型的 LDoS 攻击利用 TCP 的 RTO 机制,也可以利用 AIMD 机制,只要根据网络参数简单设计脉冲宽度、幅度和周期 3 个参数,就可以频繁地拥塞瓶颈链路,从而大幅降低 TCP 的吞吐量。攻击者可以根据网络状态和所需的攻击效果,灵活选择攻击方式。此外,攻击者选取不同的攻击时机,可以衍生出多种攻击模型,这些攻击模型有利于攻击者进一步提高攻击性能。

参考文献

[1]　KUZMANOVIC A, KNIGHTLY E. Low-rate TCP-targeted denial of service attacks: the shrew vs. the mice and elephants[C]//ACM Special Interest Group on Data Communication, New York: ACM Press, 2003.

[2]　PAXSON V, ALLMAN M. Computing TCP's retransmission timer[EB]. 2000.

[3]　JACOBSON V. RCF 1144 compressing TCP/IP headers for low-speed serial links[EB]. 1990.

[4]　ALLMAN M, PAXSON V. On estimating end-to-end network path properties[J]. ACM SIGCOMM Computer Communication Review, 1999, 29(4): 263-274.

[5] YANG Y R, LAM S S. General AIMD congestion control[C]//Proceedings of the 2000 IEEE International Conference on Network Protocols. Piscataway: IEEE Press, 2002: 187-198.

[6] LUO X P, CHANG R K C. On a new class of pulsing denial-of-service attacks and the defense[C]//Proceedings of the Network and Distributed System Security Symposium, San Diego: DBLP, 2005.

[7] GUIRGUIS M, BESTAVROS A, MATTA I. On the impact of low-rate attacks[C]//Proceedings of the 2006 IEEE International Conference on Communications. Piscataway: IEEE Press, 2006: 2316-2321.

[8] GUIRGUIS M, BESTAVROS A, MATTA I. Exploiting the transients of adaptation for RoQ attacks on Internet resources[C]//Proceedings of the 12th IEEE International Conference on Network Protocols. Piscataway: IEEE Press, 2004: 184-195.

[9] MACIÁ-FERNÁNDEZ G, DÍAZ-VERDEJO J E, GARCÍA-TEODORO P, et al. LoRDAS: a low-rate DoS attack against application servers[C]//International Workshop on Critical Information Infrastructures Security. Heidelberg: Springer, 2008: 197-209.

[10] ZHANG Y, MAO Z M, WANG J. Low-rate TCP-targeted DOS attack disrupts internet routing[C]//Proceedings of the Network and Distributed System Security Symposium, San Diego: DBLP, 2007.

[11] SCHUCHARD M, MOHAISEN A, KUNE D F, et al. Losing control of the Internet: using the data plane to attack the control plane[C]//Proceedings of the 17th ACM conference on Computer and communications security. New York: ACM Press, 2010: 726–728.

第5章
基于变化 RTT 的 LDoS 攻击建模

　　云计算中，攻击和防御是一个博弈的过程，哪一方消耗的资源更少，哪一方就是胜利者。所以，作为低速率的 DoS 攻击，在云计算下往往以追求最大化的攻击效能为目标，攻击效能定义为攻击损耗与消耗的比。如何建立 LDoS 攻击模型达到最大化的攻击效能，不仅是攻击者关心的问题，也是防御者在攻击检测和防御时，提取攻击特征的关键。

　　在传统的 LDoS 攻击模型中，普遍认为满队列 LDoS 攻击模型是效能最高的，该模型由 Guirguis 提出。满队列 LDoS 攻击有两个关键参数，一是攻击幅度 δ 等于瓶颈链路带宽 C_b；二是攻击脉冲宽度 L 等于 RTT。在参数取值满足上述条件时，攻击者只需要消耗最少的 C 个攻击包便可以导致整个窗口内的 TCP 包全部丢失。以上结论被后来的研究者所追随。该结论的得出是建立在固定 RTT 的基础上，Guirguis 假设瓶颈链路上的 RTT 是不随排队时延而改变的。但实际上排队时延对拥塞窗口和队列行为有极大的影响，忽略排队时延是导致满队列 LDoS 攻击模型不准确的主要原因。Guirguis 所提出的攻击模型主要问题表现在队列行为过程分析不准确；Guirguis 认为 C 个攻击包便可以导致一个窗口内所有的 TCP 包丢失，从而迫使 TCP 直接进入超时状态，然而这一结论并不准确。以上两个问题促使我们重新建立满队列 LDoS 攻击模型并重新评估其攻击效能。

🔍 5.1　前提假设

　　无论是正常情况还是 LDoS 攻击下，拥塞窗口和队列是动态变化的。拥塞窗口过程和队列行为是建立攻击模型的前提，而对拥塞窗口和队列的分析是建立在以下假设的前提下。

　　（1）建模的过程基于单条 TCP 流。

　　（2）假设队列缓存大小为 B，瓶颈链路最大处理能力为 C，单位为包个数。

（3）TCP 拥塞控制机制为 Reno，队列管理算法采用 Droptail。

（4）网络中的分组只从发送端向接收端传输，且都是以数据包为单位考虑，TCP 与 ACK 一一对应。

（5）假设 TCP 发送窗口不受接收端通告窗口的限制，且应用层一直有数据发送。

以上 5 个前提与 Guirguis 的研究[1]一致，也是本章以下小节共同遵循的前提条件。

5.2　RTT 模型

将 RTT 分为两部分，一部分受处理时延、传输时延和传播时延影响。对于一个确定的网络，这 3 种时延一般是固定的[2-3]。RTT 的另一部分由排队时延来确定。对于一个新进入路由器的数据包而言，只有在该数据包前排队的数据包排空后，该数据包才能被传输。因此，排队时延取决于瞬时队列的长度。瞬时队列越长，排队时延越长。综上，RTT 将随瞬时队列长度的变化而变化。尤其是在云计算数据中心内部这种低时延网络环境下，随着链路传播时延的减小，交换设备缓冲区队列的增长，RTT 的影响因素中排队时延最终将占据主导地位，这就导致 RTT 实际应该是变化的。

假设 RTT_i 表示第 i 个时隙的往返时延，Q_i 表示 RTT_i 结束时对应的瞬时队列长度，即每隔一个 RTT 时间过后路由器缓存队列中剩余的包个数。则 RTT_i 可以表示为：

$$RTT_i = rtt + \frac{Q_{i-1}}{C} \times rtt \qquad (5\text{-}1)$$

其中，式（5-1）等号右侧第一项 rtt 表示 RTT 中的第一部分取固定值。式（5-1）右侧第二项表示 RTT 中的变化部分，可以看出，当前 RTT 的变化部分受上一个 RTT 结束时瞬时队列长度的影响。

5.3　拥塞窗口与队列模型

5.3.1　拥塞窗口模型

TCP 拥塞控制机制包括拥塞避免、超时重传、快速重传和快速恢复。TCP 发送端使用拥塞窗口（cwnd）来调节发送速率。

在拥塞避免阶段，TCP 连接遵循加性增（AI）机制。cwnd 的更新过程可以表示为：

$$\begin{cases} \text{cwnd}_i(n+1) = \text{cwnd}_i(n) + \dfrac{1}{\text{cwnd}_i(n)} \\ \text{cwnd}_i = \text{cwnd}_{i-1} + 1 \end{cases} \quad (5\text{-}2)$$

其中，cwnd_i 表示与 RTT_i 相对应的拥塞窗口大小，n 表示在 RTT_i 内的第 n 个 ACK。式（5-2）说明每当 TCP 发送端收到一个 ACK 后便将 cwnd 值增长 $1/\text{cwnd}$，同时在一个 RTT 内，无论收到多少个 ACK，cwnd 最大允许增长一个报文段大小。从式（5-2）可以看出，cwnd 服从 RTT 上的线性变化。

如果 TCP 发送端进入超时阶段，即 RTO 计时器满，那么 TCP 执行慢启动策略。此时，TCP 每收到一个 ACK，其 cwnd 增长一个报文段大小，而每个 RTT 拥塞窗口增长一倍。按照这种方式，cwnd 随着 RTT 指数增长，可以表示为：

$$\begin{cases} \text{cwnd}_i(n+1) = \text{cwnd}_i(n) + 1 \\ \text{cwnd}_i = \text{cwnd}_{i-1} \times 2 \end{cases} \quad (5\text{-}3)$$

如果 TCP 发送端收到 3 个重复的 ACK，那么 TCP 将执行快速重传。cwnd 遵循乘性减（MD）机制，变为当前拥塞窗口的一半 $\text{cwnd}_i/2$ [1,4]。在重传丢失的数据包后，TCP 采用快速恢复机制来发送新的数据包，直到收到一个非重复的 ACK，之后启动拥塞避免算法来增长 cwnd。

5.3.2 路由器排队模型

如果 TCP 在一个 RTT 内发送的数据包小于或等于 C 个，那么所有的数据包将在同一个 RTT 内被传输。反之，如果发送的数据包大于 C 个，那么在当前一个 RTT 内不能传输所有的数据包，多出的部分数据包被缓存入路由器队列，等待下一个 RTT 才能被传输。随着数据包的累积，最终路由器缓冲区将被填满。

假设 RTT_i 过后瞬时队列长度为 Q_i，同时 TCP 将在 RTT_i 内发送 cwnd_i 个分组，根据式（5-1），定义 RTT_i 后队列长度增量为 ΔQ_i，则 ΔQ_i 可表示为：

$$\Delta Q_i = \text{cwnd}_i - C \times \text{RTT}_i = \text{cwnd}_i - C \times \left(\text{rtt} + \frac{Q_{i-1}}{C} \times \text{rtt} \right) \quad (5\text{-}4)$$

从而 Q_i 可表示为：

$$Q_i = Q_{i-1} + \Delta Q_i = Q_{i-1} + \text{cwnd}_i - C \times \left(\text{rtt} + \frac{Q_{i-1}}{C} \times \text{rtt} \right) = \text{cwnd}_i - C \quad (5\text{-}5)$$

由式（5-5）可以看出，在瓶颈链路处理能力 C 确定的情况下，影响瞬时队列

长度 Q_i 的唯一因素是 $cwnd_i$。根据 $cwnd_i$ 的不同，分以下 4 种情况讨论。

（1）cwnd 处于增长阶段且 $cwnd_i \leqslant C$。在这种情况下，所有的 TCP 分组将在同一个 RTT 内被传输，没有多余的分组可以填充队列，所以 $Q_i = 0$。

（2）cwnd 处于增长阶段且 $cwnd_i > C$。在这种情况下，将有多余的数据包填充队列缓存，瞬时队列按照式（5-5）变化。

（3）cwnd 减半。cwnd 减半是因为 TCP 发送端收到了 3 个重复的 ACK。收到 3 个重复的 ACK 时，TCP 不会发送新的分组，所以 Q_i 可表示为：

$$Q_i = Q_{i-1} + \Delta Q_i = Q_{i-1} + cwnd_i - 3 - C \times \left(rtt + \frac{Q_{i-1}}{C} \times rtt \right) = cwnd_i - 3 - C \quad (5\text{-}6)$$

（4）cwnd 为 1。cwnd 为 1 是因为发生了严重拥塞，从而导致 RTO 计时器溢出。此时，由于 TCP 只发送一个分组，所以 $Q_i = 0$。

🔍 5.4　最大效能的 LDoS 攻击模型

5.4.1　队列包过程分析

TCP 依照窗口发送成块的数据流，示意图如图 5-1 所示，当上一个窗口的分组全部被确认时，拥塞窗口由 w 增加为 $w + 1$。由于拥塞窗口增加，所以发送端可以相对上一个窗口多发送一个分组，如图 5-1 中的序号为"$w + 1$"的分组[5]。

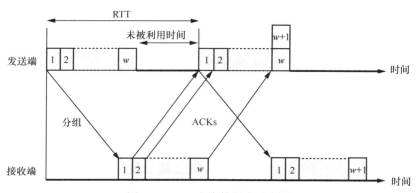

图 5-1　TCP 成块数据流示意图

路由器缓存队列被填满后，瓶颈链路达到最大利用率，即以最大的速率排空队列里缓存的数据分组。假设队列中正在排队的数据分组以 d 为间隔被排出，即 TCP 的任意一个窗口发出的成块的 cwnd 个分组之间的间隔均为 d，d 可以表示为：

$$d = \frac{\text{packetsize}_{\text{TCP}}}{C_b} = \frac{\text{rtt}}{C} \qquad (5\text{-}7)$$

其中，C_b 表示以 bit/s 为单位的瓶颈链路带宽，$\text{packetsize}_{\text{TCP}}$ 表示 TCP 分组大小。通常，对于一个确定的网络，C_b 是固定的，所以 d 由分组大小决定。此外，一旦接收端收到一个分组，接收端将返回一个 ACK 到发送端，然后发送端发出一个新的分组。因此，TCP 分组的发送间隔与队列排空间隔是相等的。

DropTail 队列仅在缓存满时才开始丢弃分组，此时 TCP 拥塞窗口是 $B + C$。这意味着 TCP 发送端将在一个 RTT 内发送 $B + C$ 个分组[6]。其中 C 个分组首先填满链路，然后 B 个分组填满缓存。缓存满后，当且仅当一个排队的数据分组排出后，一个新到达的数据分组才能进入缓存，否则该数据分组被丢弃。如此一来，满队列 LDoS 攻击者可以精心控制攻击分组的发送时机，从而导致 $B + C$ 个 TCP 分组全部丢弃。假设缓存在 RTT_i 开始时填满。该 RTT_i 持续时间内分组过程依据式（5-1）可以分为以下两个阶段。

阶段 1：这一阶段起始于缓存刚好由 TCP 分组所填满，满队列时分组传输过程的阶段 1 如图 5-2 所示。

在图 5-2 中，白色方块表示 TCP 分组，黑色方块表示攻击分组，虚线块表示缓存中的空闲位置。如图 5-2（a）所示，每当一个排队的数据分组被排出，缓存中将会出现一个空闲位置，此时，如果攻击者发送一个攻击分组 A_1 先于 P_1 到达缓存，那么 A_1 将占据空闲位置，而 P_1 将被丢弃。

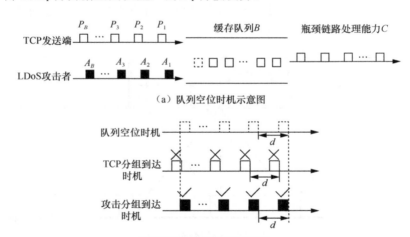

（a）队列空位时机示意图

（b）攻击分组到达时机示意图

图 5-2　满队列时分组传输过程的阶段 1

如果缓存大小按照带宽时延积给出，那么满队列时的 RTT 等于 2rtt。图 5-2（b）表明攻击分组如何阻止最先到达的 B 个 TCP 分组进入路由器队列，其中"×"号表示 TCP 分组丢弃，"　√　"号表示攻击分组进入缓存。在阶段 1，由于之前已有 B 个 TCP 分组在缓存中排队，而瓶颈链路将花费 $\dfrac{B}{C} \times \mathrm{rtt}$ 的时间来排空这 B 个分组。所以，为了引起 B 个新到达的 TCP 分组丢失，攻击者至少需要以间隔 d 发送 B 个攻击分组，并且保证每个攻击分组比与之对应的 TCP 分组先到达缓存。在这种情况下，只要有一个数据分组从缓存中排出，攻击分组就会先于所对应的 TCP 分组到达，并立即占据空闲位置。

　　阶段 2：阶段 2 起始于先前 B 个 TCP 分组已经从缓存中排空，缓存由 B 个攻击分组填满。假设攻击分组排出的间隔为 d'，d' 表示为：

$$d' = \frac{\mathrm{packetsize}_{\mathrm{Shrew}}}{C_{\mathrm{b}}} = \frac{\mathrm{rtt}}{C} \times \frac{\mathrm{packetsize}_{\mathrm{Shrew}}}{\mathrm{packetsize}_{\mathrm{TCP}}} \tag{5-8}$$

其中，$\mathrm{packetsize}_{\mathrm{Shrew}}$ 表示攻击分组大小。一般而言，为了降低攻击消耗，攻击者会尽量使用小的攻击分组。如果攻击分组小于正常 TCP 分组，那么 d' 将小于 d，这意味着排队的攻击分组将会更快地被排出[7]。满队列时分组传输过程的阶段 2 如图 5-3 所示。

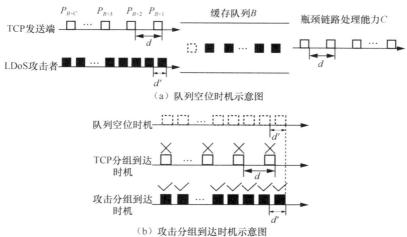

（a）队列空位时机示意图

（b）攻击分组到达时机示意图

图 5-3　满队列时分组传输过程的阶段 2

　　图 5-3 中，这一窗口中其余的 C 个 TCP 分组将以间隔 d 发出。只要攻击分组的发送间隔与队列排空间隔 d' 同步，那么攻击分组将占据每一个空闲位置从而保证缓存满，这时每个 TCP 分组将被丢弃。这里攻击者需要发送 $C \times \dfrac{\mathrm{packetsize}_{\mathrm{TCP}}}{\mathrm{packetsize}_{\mathrm{Shrew}}}$ 个分组来阻止 C 个 TCP 分组。攻击者发送这些分组需要 rtt 的时间，并且保持与链路带宽相等的发送速率 C'。

根据上述两个阶段的分组过程，可以设计一种阶梯式的攻击模型使得 TCP 丢分组。针对 DropTail 队列的满队列 LDoS 攻击脉冲如图 5-4 所示。低阶梯对应于阶段 1、高阶梯对应于阶段 2。

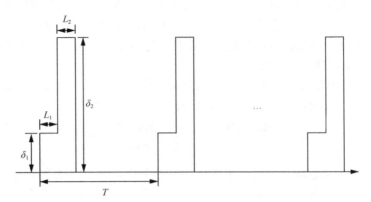

图 5-4　针对 DropTail 队列的满队列 LDoS 攻击脉冲

根据分组过程分析，攻击脉冲参数可以设置为：

$$\begin{cases} L_1 = \dfrac{B}{C} \times \text{rtt} \\[2mm] \delta_1 = \dfrac{8 \times B \times \text{packetsize}_{\text{Shrew}}}{\dfrac{B}{C} \times \text{rtt}} = \dfrac{8 \times C \times \text{packetsize}_{\text{Shrew}}}{\text{rtt}} \\[2mm] L_2 = \text{rtt} \\[2mm] \delta_2 = C_{\text{b}} \end{cases} \tag{5-9}$$

值得注意的是，无论攻击分组的大小是多少，在阶段 1，B 个攻击分组一定能阻塞 B 个 TCP 分组，所以攻击者可用最小的分组来最小化攻击分组的比特数。在阶段 2，攻击脉冲速率应当与瓶颈链路带宽保持一致。

5.4.2　攻击周期分析

在第 5.4.1 节中，已经给出了攻击的两个参数，即脉冲幅度 L 和脉冲宽度 δ。

下面讨论攻击周期，以实现满队列的攻击效果。为了与文献[1]比较，路由器队列缓存大小按照默认的带宽时延积进行设置。攻击者可以在每次缓存满时发起攻击脉冲。满队列 LDoS 攻击模型如图 5-5 所示，展示了一个攻击周期内，拥塞窗口过程和瞬时队列过程。图 5-5 上面的部分描述了 cwnd 随 RTT 的变化，图 5-5 下面的部分描述了瞬时队列长度随 RTT 的变化。cwnd 过程从 $t = 0$ 时刻开始，并在时间轴上分为 4 个阶段（$T_1' \sim T_4'$）。

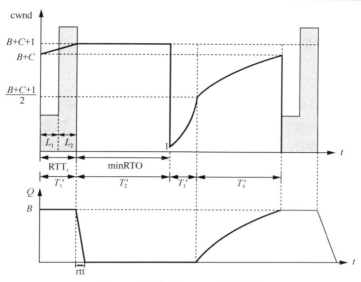

图 5-5　满队列 LDoS 攻击模型

T_1'：一旦队列满，cwnd 值为 $B + C$。这种情况下，假设攻击脉冲在 RTT_i 的开始即到达路由器缓存。根据第 5.4.1 节的分组过程分析，只要攻击脉冲按照式（5-9）设置，那么就可导致 RTT_i 内发送的整个窗口内的 TCP 分组都丢失。但是，在攻击开始前，先前有一些 TCP 分组已经被缓存或进入瓶颈链路，这些分组仍然能够被接收端成功确认。根据 AIMD 机制，一旦接收到新的 ACK，TCP 发送端将发送新分组并增长窗口。因此，可以看到在 RTT_i 结束时，cwnd 增长到 $B + C + 1$。在这一子周期，瞬时队列保持为 B，所以对每个分组来说其排队时延是相等的。这种情况下，cwnd 随 t 线性增长。这段时长为：

$$T_1' = \text{rtt} + \frac{B}{C} \times \text{rtt} \tag{5-10}$$

T_2'：由于整个窗口的 TCP 分组都丢失，所以没有 ACK 能反馈回 TCP 发送端，同时之前出发的 ACK 也已经耗尽。在收不到 ACK 的情况下，TCP 发送端不会更新 cwnd，也不会发送新的分组。TCP 发送端进入超时等待状态。在这一子周期，TCP 保持其 cwnd 为 $B + C + 1$，但实际并不发送任何分组。在这一子周期内，队列将用 rtt 的时间来排空 B 个缓存的分组，然后队列保持空。这段时长为：

$$T_2' = \text{minRTO} \tag{5-11}$$

T_3'：当 RTO 计时器满时，慢启动门限将减半到 $(B + C + 1) / 2$，TCP 开始执行慢启动。在这一子周期，所有新到达的 TCP 分组将被排出，不会有多余的分组缓

存。此外，队列遵循式（5-5）的第 1 种情况变化。此外，由于 TCP 的 cwnd 从 1
到 $(B+C+1)/2$ 指数增长，所以可得到这段时长为：

$$T_3' = \mathrm{lb}\,\frac{B+C+1}{2} \times \mathrm{rtt} \tag{5-12}$$

T_4'：一旦 cwnd 值到达慢启动门限，TCP 执行拥塞避免并增长其 cwnd 直到下个
满队列。在这一子周期，cwnd 变得比瓶颈链路能力 C 还大，因此 cwnd 中能有多余
的部分来持续填充缓存，如第 5.3.1 节所述，cwnd 随 RTT 线性增长，同时 RTT 随队
列的增长而变大。因此，cwnd 随 t 服从一个凸函数增长。可以推导出这段时长为：

$$T_4' = \sum_{k=1}^{\frac{B+C-1}{2}} \mathrm{RTT}_k = \sum_{k=1}^{\frac{B+C-1}{2}} \left(\mathrm{rtt} + \frac{Q_{k-1}}{C} \times \mathrm{rtt} \right) = \left(\frac{B+C-1}{2} + \sum_{q=1}^{B-1} \frac{q}{C} \right) \times \mathrm{rtt} \tag{5-13}$$

其中，$\mathrm{RTT}_k = 1$ 表示 T_4' 中的第一个 RTT。在 T_4' 中，cwnd 从 $\dfrac{B+C+1}{2}$ 增长到 $B+C$，
每个 RTT 加 1。因此，在该段时间有 $\dfrac{B+C-1}{2}$ 个 RTT。同时，队列从 0 长到 B。
因此，有 $T_4' = \left(\dfrac{B+C-1}{2} + \sum\limits_{q=1}^{B-1} \dfrac{q}{C} \right) \times \mathrm{rtt}$。注意，在 T_4' 阶段攻击没有导致任何损失，
因为 cwnd 在这一阶段已经回到正常状态。

综上，攻击周期 T' 可以表示为：

$$T' = T_1' + T_2' + T_3' + T_4'$$

$$\begin{cases} T_1' = \mathrm{rtt} + \dfrac{B}{C} \times \mathrm{rtt} \\[2mm] T_2' = \mathrm{minRTO} \\[2mm] T_3' = \mathrm{lb}\,\dfrac{B+C+1}{2} \times \mathrm{rtt} \\[2mm] T_4' = \left(\dfrac{B+C-1}{2} + \sum\limits_{q=1}^{B-1} \dfrac{q}{C} \right) \times \mathrm{rtt} \end{cases} \tag{5-14}$$

将其中 TCP 的瞬时速率低于链路带宽的部分，即图 5-5 中的 T_2' 和 T_3'，称为
低效状态。

🔍 5.5　增强型满队列 LDoS 攻击模型

云计算环境中，LDoS 攻击不仅追求隐蔽的效果，而且还追求最高的"性价

比",即通过最低的攻击消耗,达到最高的攻击损耗。因此,本节改进第 5.4 节中的模型,通过简单地调整攻击脉冲发起时机,进一步提高攻击效能。与图 5-5 相似,增强型满队列 LDoS 攻击模型如图 5-6 所示,展示了一个攻击周期内的 cwnd 过程和队列过程。将 cwnd 过程分为 5 个阶段(T_1''~T_5'')。

在 RTT_{i+1} 的开始,窗口大小变为 $B+C+1$,这超过了缓存大小 B 与瓶颈链路能力 C 的和。因此,将丢失一个 TCP 分组。然后,允许 3 个后续的 TCP 分组成功传输,以此引发 3 个重复的 ACK。这里,每个 TCP 分组都会在一个固定 RTT 时间后被确认,这是因为缓存自 cwnd 达到 $B+C$ 后会一直满。因此,第 3 个重复的 ACK 会在 $t=\text{RTT}_i+\text{RTT}_{i+1}+3d$ 时被 TCP 发送端收到。攻击脉冲在 $t=\text{RTT}_i+3d$ 时开始并一直持续到重传发生。在此情况下,在 $t=\text{RTT}_i+3d$ 时到达的其余 $B+C-3$ 个 TCP 分组和一个重传的 TCP 分组将丢失,这是因为缓存的空闲位置被攻击分组所占据。

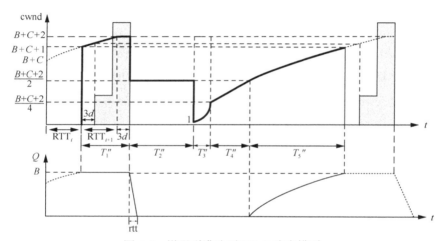

图 5-6　增强型满队列 LDoS 攻击模型

在图 5-6 中,当 RTT_{i+1} 结束时,cwnd 将增长到 $B+C+2$,因为之前在 RTT_i(RTT_{i+1} 的上一个 RTT)$B+C$ 个 TCP 分组都被确认。在 RTT_{i+1} 内,攻击脉冲不会阻止 cwnd 的增长。当收到前两个重复 ACK 时,TCP 发送端不会发送数据分组也不会改变 cwnd 值,因此 cwnd 将保持在 $B+C+2$,直到经过 $3d$ 时间段后收到第 3 个 ACK。

T_1'':根据上文分析,可得这段时长为:

$$T_1'' = \text{rtt} + \frac{B}{C} \times \text{rtt} + 3d \tag{5-15}$$

T_2'':一旦收到 3 个重复的 ACK,cwnd 减半到 $\dfrac{B+C+2}{2}$。因为后续的 $B+C-3$ 个 TCP 分组和重传的 TCP 分组丢失,所以没有 ACK 反馈回发送端,这使得 TCP 进入超时等待状态。cwnd 的行为与图 5-5 中一致，这段时长为：

$$T_2'' = \text{minRTO} \tag{5-16}$$

T_3''：当 RTO 计时器溢出时，TCP 发送端将慢启动门限设置为当前窗口的一半，即 $\dfrac{B+C+2}{4}$。然后，TCP 执行慢启动，cwnd 从 1 到 $\dfrac{B+C+2}{4}$ 指数增长。这段时长为：

$$T_3'' = \text{lb}\,\frac{B+C+2}{4} \times \text{rtt} \tag{5-17}$$

T_4''：一旦 cwnd 达到慢启动门限，TCP 执行拥塞避免，拥塞窗口增长。cwnd 从 $\dfrac{B+C+2}{4}$ 到 $\dfrac{B+C+2}{2}$，随 t 线性增长，因为这一段队列为空。所以，得到这段时长为：

$$T_4'' = \frac{B+C+2}{4} \times \text{rtt} \tag{5-18}$$

重要的是，T_4'' 这段线性增长子周期在图 5-5 所示的模型中并不存在，这是增强型满队列 LDoS 攻击模型优于满队列 LDoS 攻击模型的主要原因。

T_5''：一旦 cwnd 超过 $\dfrac{B+C+2}{2}$，cwnd 额外增加的部分将持续填充缓存。与 T_4'' 相似，cwnd 随 t 服从凸函数变化直到缓存满。这里，T_5'' 可以表示为：

$$T_5'' = \sum_{k=\frac{B+C+2}{2}}^{B+C} \left(\text{rtt} + \frac{Q_{k-1}}{C} \times \text{rtt} \right) = \left(\frac{B+C-2}{2} + \sum_{q=1}^{B-1} \frac{q}{C} \right) \times \text{rtt} \tag{5-19}$$

图 5-6 中，队列经历了与图 5-5 相似的过程。图 5-6 中攻击周期可表示为：

$$T'' = T_1'' + T_2'' + T_3'' + T_4'' + T_5''$$

$$\begin{cases} T_1'' = \text{rtt} + \dfrac{B}{C} \times \text{rtt} + 3d \\[2mm] T_2'' = \text{minRTO} \\[2mm] T_3'' = \text{lb}\,\dfrac{B+C+2}{4} \times \text{rtt} \\[2mm] T_4'' = \dfrac{B+C+2}{4} \times \text{rtt} \\[2mm] T_5'' = \left(\dfrac{B+C-2}{2} + \displaystyle\sum_{q=1}^{B-1} \dfrac{q}{C} \right) \times \text{rtt} \end{cases} \tag{5-20}$$

将其中 TCP 的瞬时速率低于链路带宽的部分，即图 5-6 中的 T_2''、T_3''、T_4''，称为低效状态。

增强型满队列 LDoS 攻击模型之所以能够达到更高的攻击效能，主要原因包括：在增强的模型中，拥塞窗口门限两次减半，因此 TCP 拥塞窗口指数增长的时间缩短，而线性增长的时间延长。拥塞窗口增长的越慢，TCP 的性能越低；增强模型的攻击周期更长，因此单位时间内的攻击消耗相对更低。

🔍 5.6　攻击性能评估

5.6.1　模型验证

本节构建 NS-2 实验环境来证明所提出的模型，网络拓扑如图 5-7 所示。实验中，仅考虑单 TCP 流经过一条瓶颈链路的场景，其中瓶颈链路带宽为 15Mbit/s，时延为 120ms，缓存大小为 225 个分组，按照带宽时延积规则给出[8]。TCP 发送端选择 Reno 版本协议，路由器配置 DropTail 算法。相关的参数设置如下：minRTO 设置为默认值 1s。平均 TCP 分组大小为 1000byte。TCP 发送端向 TCP 接收端方向产生合法 TCP 流。攻击者发送 UDP 分组产生 LDoS 攻击流。攻击分组大小 50byte（最小的 UDP 分组大小）。按照带宽时延积原则设置路由器缓存大小，证实本章的攻击模型。设置攻击参数 $\{L_1 = 120\text{ms}，L_2 = 120\text{ms}，\delta_1 = 0.75\text{Mbit/s}，\delta_2 = 15\text{Mbit/s}\}$。

图 5-7　网络拓扑

为了验证满队列 LDoS 攻击，按照式（5-14）设置攻击周期，然后对一个攻击周期的 cwnd 行为和瞬时队列行为进行记录。满队列 LDoS 攻击模型的实验验证如图 5-8 所示。

可以看出，在图 5-8 中标注的点与图 5-5 的理论分析一致。第一，从 44.76～45s 这一段与 T_1' 相对应，在这期间 cwnd 从 450 增长到 451。cwnd 用了 2 个 rtt 的时间增长了 1。第二，45～46s cwnd 变化行为与设置的 minRTO 为 1s 匹配，这一段对应于 T_2'。第三，46～47.02s 对应于 T_3'。这里，cwnd 从 1 到 225.5 服从指数增长，同时，慢启动门限刚好是 $(B + C + 1) / 2$。此外，这一个攻击周期包含将近

9 个 rtt。因为 225.5 $<$ 2^9，所以 46～47.02s 这一段时间长度略小于 9 个 rtt。第四，47.02～87.81s 与 T_4' 对应。可以看出经过一个周期之后 cwnd 最终返回 450。

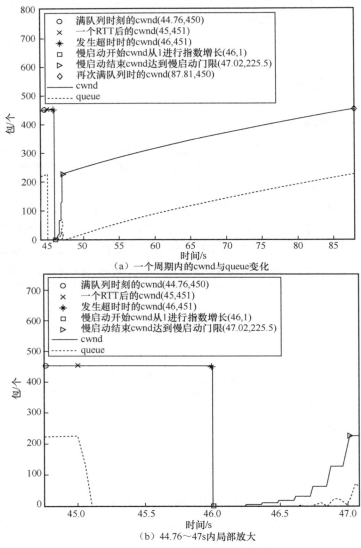

（a）一个周期内的 cwnd 与 queue 变化

（b）44.76～47s 内局部放大

图 5-8　满队列 LDoS 攻击模型的实验验证

　　为了验证增强型满队列 LDoS 攻击模型，调整攻击脉冲的起始时间，并且按照式（5-20）改变攻击周期。同样也对一个攻击周期内的 cwnd 行为和瞬时队列行为进行记录。增强型满队列 LDoS 攻击模型的实验验证如图 5-9 所示。

　　图 5-9 与图 5-6 的理论分析一致。第一，45～45.24s 对应于 T_1''，在这一阶段

cwnd 从 451 增长到 452。cwnd 在两个 rtt 的时间增长了。第二，45.24～46.24s 对应 T_2''，这与给出的 minRTO 为 1s 一致。在 45.24s，cwnd 减半到 226。第三，46.24～47.11s 对应于 T_3''。cwnd 从 1 到 113 指数增长，同时，慢启动门限值为 113，刚好是 $(B+C+1)/4$。此外，这一周期里有将近 7 个 rtt。第四，47.11～61.05s 对应于 T_4''，这段时间内 cwnd 从 113 到 226 线性增长。第五，61.05～101s 对应于 T_5''，在这之后 cwnd 再次回到 451。

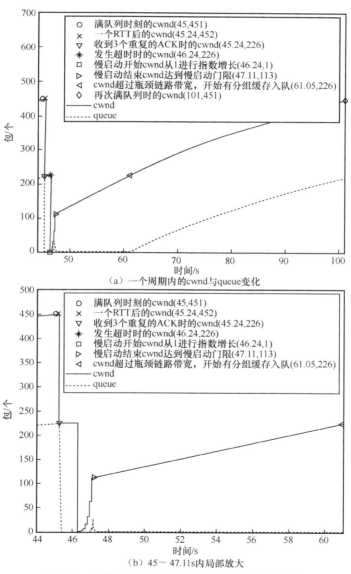

（a）一个周期内的cwnd与queue变化

（b）45～47.11s内局部放大

图 5-9　增强型满队列 LDoS 攻击模型的实验验证

5.6.2 攻击效能分析比较

1. 攻击效能定义

攻击效能定义为攻击造成的损耗（Damage）与实施这种攻击的成本消耗（Cost）之间的比例。显然，攻击者会对最大化单位成本造成的损耗感兴趣[9]，即最大限度地提高攻击效能。攻击效能（Potency）可表示为：

$$\text{Potency} = \frac{\text{Damage}}{\text{Cost}} \tag{5-21}$$

攻击造成的损耗定义为 $\text{Damage} = U - \dfrac{G}{T}$，其中 U 是 TCP 在正常情况下的平均传输速率，$\dfrac{G}{T}$ 是 TCP 在 LDoS 攻击下的平均传输速率。Damage 即表示 LDoS 攻击造成的 TCP 传输速率的下降水平，单位为 bit/s。

相应地，攻击消耗定义为 $\text{Cost} = \dfrac{A}{T}$，其中 A 表示每个攻击脉冲的流量大小，T 是一个攻击周期的时长。Cost 即表示 LDoS 攻击的平均消耗速率，单位为 bit/s。

（1）满队列 LDoS 攻击效能

根据第 5.4.2 节给出的满队列 LDoS 攻击模型，其理论上的攻击损耗 Damage' 和攻击消耗 Cost' 如下：

$$\text{Damage}' = U - \frac{G'}{T'} \tag{5-22}$$

其中，$G' = 8 \times \left(1 + \sum\limits_{i=1}^{\left\lfloor \text{lb} \frac{B+C+1}{2} \right\rfloor} 2^i + \sum\limits_{\text{cwnd}=\frac{B+C+1}{2}}^{B+C-1} \text{cwnd} \right) \times \text{packetsize}_{\text{TCP}}$，并且，$T'$ 由式（5-14）给出。U 是 TCP 在正常情况下的平均传输速率，可以表示为：

$$U = \frac{8 \times \left(\sum\limits_{\text{cwnd}=\frac{B+C+2}{2}}^{B+C+1} \text{cwnd} - 1 \right) \times \text{packetsize}_{\text{TCP}}}{T_u} \tag{5-23}$$

其中，分母表示一个 cwnd 的变化周期，在这一周期中 cwnd 从 $\dfrac{B+C+2}{2}$ 增长到 $B+C+2$。这一周期可以表示为：

$$T_u = \left(\frac{B+C+2}{2} + \sum\limits_{q=1}^{B} \frac{q}{C} \right) \times \text{rtt} \tag{5-24}$$

满队列 LDoS 攻击模型的攻击消耗可表示为：

$$\text{Cost}' = \frac{L_1 \times \delta_1 + L_2 \times \delta_2}{T'} = \frac{8 \times B \times \text{packetsize}_{\text{Shrew}} + C' \times \text{rtt}}{T'} \tag{5-25}$$

将式（5-22）与式（5-25）代入式（5-21），即可得到满队列 LDoS 攻击效能。

（2）增强型满队列 LDoS 攻击效能

根据第 5.4 节给出的增强型满队列 LDoS 攻击模型，其理论上的攻击损耗 Damage″ 和攻击消耗 Cost″ 如下：

$$\text{Damage}'' = U - \frac{G''}{T''} \tag{5-26}$$

其中，$G'' = 8 \times \left(1 + \sum_{i=1}^{\left\lfloor \text{lb} \frac{B+C+2}{4} \right\rfloor} 2^i + \sum_{\text{cwnd}=\frac{B+C+1}{2}}^{B+C} \text{cwnd} - 3 \right) \times \text{packetsize}_{\text{TCP}}$，并且，$T''$ 由式（5-20）给出。

$$\text{Cost}'' = \frac{L_1 \times \delta_1 + L_2 \times \delta_2}{T''} = \frac{8 \times B \times \text{packetsize}_{\text{Shrew}} + C' \times \text{rtt}}{T''} \tag{5-27}$$

将式（5-26）与式（5-27）代入式（5-21），即可得到增强型满队列 LDoS 攻击效能。

2. 标准网络配置下的攻击效能比较

在标准网络配置的实验环境下，随机选择 5 个攻击时段来测试攻击损耗和攻击效能。测试结果分别如图 5-10 和图 5-11 所示。从图 5-10 中可以看到，增强型满队列 LDoS 攻击模型（模型 2）比满队列 LDoS 攻击模型（模型 1）多造成平均771.31kbit/s 的 TCP 损耗。从图 5-11 中可以看出，在攻击效能方面也是增强型满队列 LDoS 攻击模型更优，满队列 LDoS 攻击模型的 1 个攻击单元造成约 14 个 TCP 单元的损耗，而增强型满队列 LDoS 攻击模型的 1 个攻击单元造成约 42 个 TCP 单元的损耗。因此，攻击效能提高了近 200%。

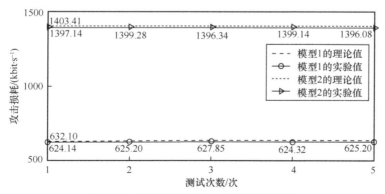

图 5-10　两种模型的攻击损耗测试比较

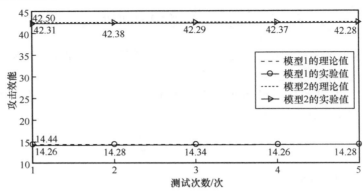

图 5-11　两种模型的攻击效能测试比较

3. 网络参数对攻击效能的影响

根据理论分析可以看出，两种满队列 LDoS 攻击每个攻击脉冲的发动时机是固定的，即当瓶颈链路路由器缓存队列被正常 TCP 分组塞满时。同时，也固定了攻击脉冲到来时 TCP 拥塞窗口 cwnd 的大小为 $B + C$。另外，式（5-14）与式（5-20）设计的满队列 LDoS 的攻击周期均是关于链路环境参数 rtt、C、B 的函数。所以，面对每一种链路环境，满队列 LDoS 攻击的参数设置都是唯一匹配的。攻击所需消耗、能造成的损耗以及攻击效能也是与链路环境相匹配的。在一些场景环境下，满队列 LDoS 攻击可能可以达到很好的效果；在另一些场景环境下，满队列 LDoS 攻击可能并不适用。因此分析链路参数对满队列 LDoS 攻击的影响是必要的。

下面将利用已建立的两种攻击模型，分别从往返时延、瓶颈链路带宽、缓存队列大小 3 个方面来验证攻击的效能，并且将这两种攻击模型进行比较分析。统一采用如图 5-7 所示的实验环境。

（1）往返时延对攻击效能的影响

实验环境的瓶颈链路带宽固定为 15Mbit/s，缓存大小按带宽时延积设置。为探究往返时延的影响，rtt 取值为 20～460ms[10]，rtt 表示往返时延中由处理时延、传输时延和传播时延影响的部分。

攻击周期与 rtt 的关系曲线如图 5-12 所示。理论上的攻击周期 T 按式（5-14）和式（5-20）给出。图 5-12 说明，随着 rtt 的增长，增强型满队列 LDoS 攻击模型的攻击周期相比于满队列 LDoS 攻击模型的攻击周期增长更快。其原因在于增强型满队列 LDoS 攻击模型的慢启动门限是满队列 LDoS 攻击模型慢启动门限的一半，所以增强型满队列 LDoS 攻击模型的 cwnd 在更长的 rtt 下需要更多时间返回正常水平。相较于满队列 LDoS 攻击，增强型满队列 LDoS 攻击多了一个低效状态的线性增长的子周期 T_4''，参见式（5-20）。

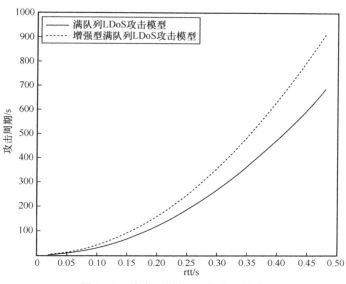

图 5-12　攻击周期与 rtt 的关系曲线

攻击消耗与 rtt 的关系曲线如图 5-13 所示。Cost 的理论值由式（5-25）与式（5-27）给出。可以看出，随着 rtt 的增长，攻击者可以节省攻击消耗。此外，无论 rtt 为多少，增强型满队列 LDoS 攻击模型总是比满队列 LDoS 攻击模型攻击消耗更低。

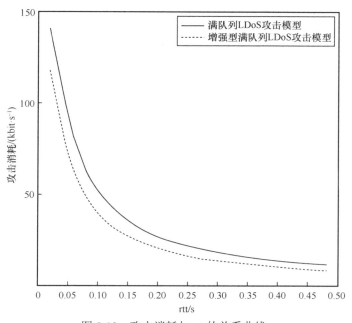

图 5-13　攻击消耗与 rtt 的关系曲线

下面，关注攻击下的 TCP 传输速率。TCP 传输速率与 rtt 的关系曲线如图 5-14 所示，3 条曲线分别表示满队列 LDoS 攻击模型的 TCP 传输速率、增强型满队列 LDoS 攻击模型的 TCP 传输速率、正常情况下的 TCP 传输速率；3 种标记点分别表示对应 3 条曲线的实验值。

可以看出，实验值与理论值一致。此外，还可以看出在短 rtt 情况下，TCP 传输速率下降更多。这是因为满队列 LDoS 攻击的有效性取决于低效状态持续时间在一个攻击周期的占比，如式（5-14）对应的 $\dfrac{T_2' + T_3'}{T'}$，与式（5-20）对应的 $\dfrac{T_2'' + T_3'' + T_4''}{T''}$。这里将这个占比定义为 PoISD。PoISD 在短 rtt 下很高，而在长 rtt 下变低。进一步，可以看出满队列 LDoS 攻击下，随着 rtt 的增长，TCP 传输速率逐渐趋近于正常水平。但是，相较于满队列 LDoS 攻击，增强型满队列 LDoS 攻击对长 rtt 的 TCP 流的影响更严重，攻击导致其传输速率降低得更多（如图 5-14 所示，当 rtt > 200ms 时，增强型满队列 LDoS 攻击依然能够平稳地造成约 1.02Mbit/s 的损耗）。这一现象的原因仍然是 rtt 的增长导致低效状态线性增长的子周期 T_4'' 的扩大，进而增大了 PoISD。实际上，随着 rtt 的增长，增强型满队列 LDos 攻击导致的损耗趋近于 $C_b / 16$。

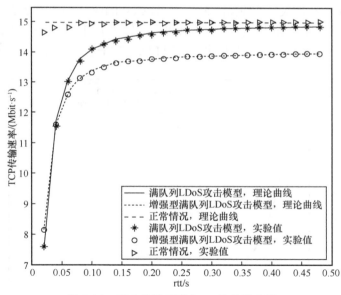

图 5-14　TCP 传输速率与 rtt 的关系曲线

攻击效能与 rtt 的关系曲线如图 5-15 所示，两条曲线分别表示了满队列 LDoS 攻击模型的攻击效能随 rtt 的理论变化曲线、增强型满队列 LDoS 攻击模型的攻击效能随 rtt 的理论变化曲线。两种标记点分别表示对应上述曲线的实验值。

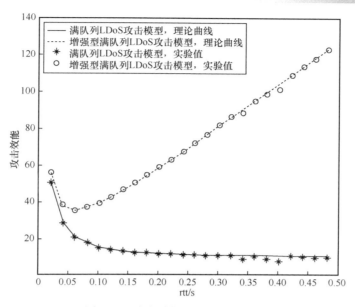

图 5-15　攻击效能与 rtt 的关系曲线

可以看出，无论 rtt 取什么值，增强型满队列 LDoS 攻击模型的攻击效能都优于满队列 LDoS 攻击模型，并且它们攻击效能的差值随着 rtt 的增长变得越来越大。更重要的是，满队列 LDoS 攻击模型的攻击效能随 rtt 的增长而降低。由图 5-14 可以看出，随着 rtt 的增长，满队列 LDoS 攻击造成的损耗越来越小，从而导致攻击损耗比攻击消耗更显著的降低。增强型满队列 LDoS 攻击模型的攻击效能随 rtt 的增长呈现出先降后升的趋势。在本章的试验中，当 rtt < 60ms 时攻击效能轻微降低，但当 rtt > 60ms 时，攻击效能显著增长。

上述实验说明，一个 TCP 流的脆弱性与其 rtt 相关，满队列 LDoS 攻击对短 rtt 的 TCP 流影响更大。尽管满队列 LDoS 攻击对长 rtt 的 TCP 流影响偏弱，但不幸的是长 rtt 对正常情况下提高 TCP 传输速率起到负面作用。此外，对于攻击者而言，他们不得不消耗更多攻击资源才能对短 rtt TCP 流达到预期的攻击效果，攻击者会更青睐于使用增强型满队列 LDoS 攻击模型来增强攻击效能。

（2）瓶颈链路带宽对攻击效能的影响

实验环境的往返时延固定为 120ms，缓存大小按带宽时延积设置。为探究瓶颈链路带宽对攻击效能的影响，C_b 取值为 10Mbit/s～1Gbit/s。

攻击周期与 C_b 的关系曲线如图 5-16 所示，可以看出攻击周期随 C_b 的增长而增大。由于增强型满队列 LDoS 攻击模型中的低效状态线性增长的子周期 T_4''，增强型满队列 LDoS 攻击模型相比于满队列 LDoS 攻击模型攻击周期增长更快。

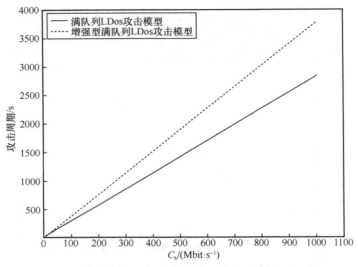

图 5-16　攻击周期与 C_b 的关系曲线

　　根据式（5-25）和式（5-27），攻击消耗随着 C_b 的增长，满队列 LDoS 攻击者将消耗更多攻击流量来构造攻击脉冲，但同时，每个脉冲间的发送间隔将变长。这里，关注不同 C_b 下的攻击消耗取值。攻击消耗与 C_b 的关系曲线如图 5-17 所示，可以看出增强型满队列 LDoS 攻击模型比满队列 LDoS 攻击模型的攻击消耗更少，这是因为增强型满队列 LDoS 攻击模型中的 PoISD 更高。这意味着对于高带宽的网络，增强型满队列 LDoS 攻击者几乎不需要大幅增加其攻击流量。

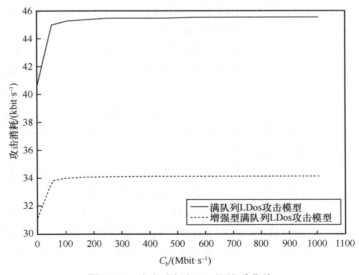

图 5-17　攻击消耗与 C_b 的关系曲线

TCP 传输速率与 C_b 的关系曲线如图 5-18 所示，3 条曲线分别表示了满队列 LDoS 攻击模型 TCP 的传输速率随 C_b 变化的理论曲线、增强型满队列 LDoS 攻击模型 TCP 传输速率随 C_b 变化的理论曲线、正常情况下 TCP 传输速率随 C_b 变化的理论曲线。可以看出，随着 C_b 的增长，TCP 传输速率增长，同时由于更高的 PoISD，增强型满队列攻击造成的损耗更多。

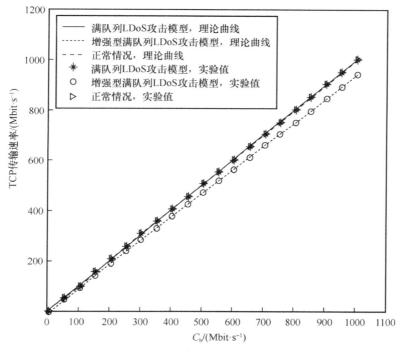

图 5-18　TCP 传输速率与 C_b 的关系曲线

攻击效能与 C_b 的关系曲线如图 5-19 所示，2 条曲线分别表示了满队列 LDoS 攻击模型的攻击效能随 C_b 变化的理论曲线、增强型满队列 LDoS 攻击模型的攻击效能随 C_b 变化的理论曲线。2 种标记点分别表示对应上述曲线的实验值。可以看出，增强型满队列 LDoS 攻击的攻击效能随 C_b 的增长而显著增长，但是满队列 LDoS 攻击模型的攻击效能随 C_b 的增长保持平稳，并比增强型满队列 LDoS 攻击模型的攻击效能低很多。

以上实验说明，增加瓶颈链路带宽有助于提高传输速率，并提高攻击效能，尤其是对于增强型满队列 LDoS 攻击模型。在高带宽低时延的场景下，增强型满队列 LDoS 攻击的影响更显著。

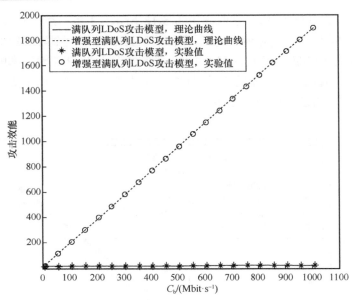

图 5-19　攻击效能与 C_b 的关系曲线

（3）缓存队列大小对攻击效能的影响

实验环境的往返时延固定为 120ms，瓶颈链路带宽固定为 15Mbit/s。为探究路由器缓存队列大小的影响，B 为 20～2000 个分组。一旦不再固定队列缓存的大小，需要根据 under-buffer 链路和 over-buffer 链路下 cwnd 行为和队列行为[11]，将式（5-14）和式（5-20）进行扩展。对于满队列 LDoS 攻击模型，将式（5-14）依据队列大小 B 的取值范围变化，进行如下推广：

$$\begin{cases} T_1' = \mathrm{rtt} + \dfrac{B}{C} \times \mathrm{rtt} \\[2mm] T_2' = \min \mathrm{RTO} \\[2mm] T_3' = \mathrm{lb}\dfrac{B+C+1}{2} \times \mathrm{rtt}, B \leqslant C \quad \text{or} \quad \left(\mathrm{lb}\dfrac{B+C+1}{2} + \sum_{i=\mathrm{lb}C}^{\mathrm{lb}\frac{B+C+1}{2}-1} \dfrac{2^i - C}{C} \right) \times \mathrm{rtt}, B > C \\[4mm] T_4' = \left(\dfrac{B+C+1}{2} + \sum_{q=1}^{B-1} \dfrac{q}{C} \right) \times \mathrm{rtt}, B \leqslant C \quad \text{or} \quad \left(\dfrac{B+C+1}{2} + \sum_{q=\frac{B+C+1}{2}-C-1}^{B-1} \dfrac{q}{C} \right) \times \mathrm{rtt}, B > C \end{cases} \tag{5-28}$$

在 T_3' 中，cwnd 从 1 指数增长到 $\dfrac{B+C+1}{2}$。因此，有 $\mathrm{lb}\dfrac{B+C+1}{2}$ 个 RTT 在 T_3' 中。如果 $B \leqslant C$，cwnd 将会在 T_4' 阶段超过 C，所以队列将在 cwnd 超过慢启动门

限后才会被填充。这种情况下，T_3' 和 T_4' 的表达式与式（5-14）中的相同。如果 $B > C$，cwnd 将在 T_3' 阶段超过 C。随着 cwnd 从 C 增长到 $\dfrac{B+C+1}{2}$，额外的分组将被缓存下来。非空队列进一步增加排队时延。这一增加的时延可表示为式（5-28）中的

$$\sum_{i=\text{lb}C}^{\text{lb}\frac{B+C+1}{2}-1} \frac{2^i - C}{C} \times \text{rtt} 。$$

在 T_4' 阶段，如果 $B > C$，队列将从 $\dfrac{B+C+1}{2} - C - 1$ 到 $B-1$ 进行线性增长，所以得到式（5-28）中的增量 $\displaystyle\sum_{q=\frac{B+C+1}{2}-C-1}^{B-1} \frac{q}{C} \times \text{rtt}$ 。

对于增强型满队列 LDoS 攻击模型，将式（5-20）依据队列大小 B 的取值范围变化，进行如下推广：

$$
\begin{cases}
T_1'' = \text{rtt} + \dfrac{B}{C} \times \text{rtt} + 3d \\[2mm]
T_2'' = \text{minRTO} \\[2mm]
T_3'' = \text{lb}\dfrac{B+C+2}{4} \times \text{rtt},\ B \leqslant 3C \quad \text{or} \quad \left(\text{lb}\dfrac{B+C+2}{4} + \sum_{i=\text{lb}C}^{\text{lb}\frac{B+C-2}{4}} \dfrac{2^i - C}{C} \right) \times \text{rtt},\ B>3C \\[4mm]
T_4'' = \dfrac{B+C+2}{4} \times \text{rtt},\ B \leqslant C \quad \text{or} \quad \left(\dfrac{B+C+2}{4} + \sum_{q=1}^{\frac{B-C-2}{2}} \dfrac{q}{C} \right) \times \text{rtt},\ C<B \leqslant 3C \\[4mm]
\quad \text{or} \quad \left(\dfrac{B+C+2}{4} + \sum_{q=\frac{B-3C+2}{4}}^{\frac{B-C-2}{2}} \dfrac{q}{C} \right) \times \text{rtt},\ B>3C \\[4mm]
T_5'' = \left(\dfrac{B+C}{2} + \sum_{q=1}^{B-1} \dfrac{q}{C} \right) \times \text{rtt},\ B \leqslant C \quad \text{or} \quad \left(\dfrac{B+C}{2} + \sum_{q=\frac{B-C}{2}}^{B-1} \dfrac{q}{C} \right) \times \text{rtt},\ B>C
\end{cases}
\tag{5-29}
$$

与式（5-28）相似，一旦队列非空，排队时延将加入式（5-29）的表达式中。根据式（5-28）和式（5-29）所示，攻击周期随着 B 的增长而增长。此外，由于 $L_1 = \dfrac{B}{C} \times \text{rtt}$，攻击脉冲随着 B 的增长而变宽。攻击周期和攻击脉宽将进一步影响攻击性能。

图 5-20 描述了按式（5-28）和式（5-29）的攻击周期与 B 的关系曲线。随着 B 的增长，增强型满队列 LDoS 攻击模型的攻击周期比满队列 LDoS 攻击模型的攻击周期增长更显著，这仍然是因为增强型满队列 LDoS 攻击独有的 PoISD 的子周期 T_4'。

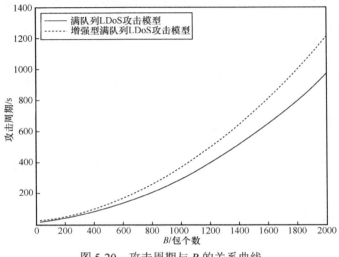

图 5-20　攻击周期与 B 的关系曲线

攻击消耗与 B 的关系曲线如图 5-21 所示，可以看出攻击消耗随 B 的增长而降低，同时，在小队列缓存的情况下，增强型满队列 LDoS 攻击模型比满队列 LDoS 攻击模型更优越。当 B 超过 1000 时，增强型满队列 LDoS 攻击模型和满队列 LDoS 攻击模型的攻击消耗基本相等。

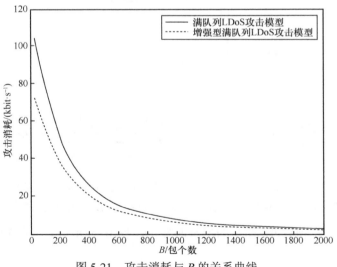

图 5-21　攻击消耗与 B 的关系曲线

　　TCP 传输速率与 B 的关系曲线如图 5-22 所示，3 条曲线分别表示满队列 LDoS 攻击模型的 TCP 传输速率、增强型满队列 LDoS 攻击模型的 TCP 传输速率、正常情况下的 TCP 传输速率；3 种标记点分别表示了对应 3 条曲线的实验值。在正常情况下，under-buffer 会导致链路 TCP 吞吐量降低。这是因为当 cwnd 减半且发送端停止发送等待 ACK 的时候，缓存中没有储备足够的数据分组来保持瓶颈链路忙。缓存变空，瓶颈链路变闲，链路利用率降低。相反，over-buffer 的链路使缓存永远不会变空，瓶颈链路永远不会闲。因此一旦 B 超过 C，虽然很多缓存空间是不必要的，但链路会被饱和利用，并且 TCP 传输速率是平稳的。

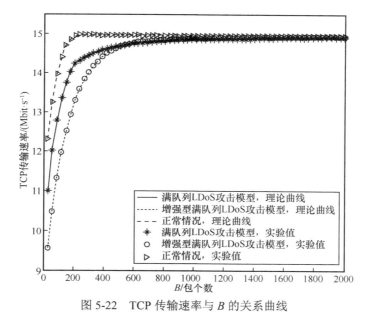

图 5-22　TCP 传输速率与 B 的关系曲线

　　图 5-22 说明在满队列 LDoS 攻击下，TCP 传输速率随 B 的增长而增长，并最终趋近于正常水平。这种行为主要在于 PoISD 随着 B 的增长而降低。PoISD 取决于低效状态持续时间和攻击周期。对于满队列 LDoS 攻击模型，当 $B \leqslant C$ 时，低效状态持续时间随 B 的增长而缩短，当 $B > C$ 时，低效状态是固定不变的。对于增强型满队列 LDoS 攻击模型，当 $B \leqslant 3C$ 时，低效状态持续时间随 B 的增长而缩短，而当 $B > 3C$ 时，低效状态是固定不变的。另外，按式（5-28）和式（5-29）来说，攻击周期随着 B 的增长一直变长。因此，可以看出，一旦缓存大小超过 C，满队列 LDoS 攻击模型的曲线变得相对平坦。同样，当缓存大小超过 $3C$ 时，增强型满队列 LDoS 攻击模型的曲线变得相对平坦。图 5-22 还说明在小 buffer 的链路中，增强型满队列 LDoS 攻击可以导致更多的损耗。但是，当缓存大小超过 514 个

包时，满队列 LDoS 攻击引起的损耗更多一点。

攻击效能与 B 的关系曲线如图 5-23 所示，2 条曲线分别表示了满队列 LDoS 攻击模型的攻击效能随 B 变化的理论曲线、增强型满队列 LDoS 攻击模型的攻击效能随 B 变化的理论曲线；2 种标记点分别表示对应上述曲线的实验值。

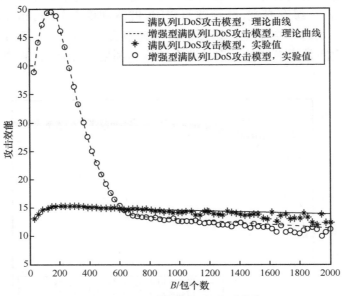

图 5-23　攻击效能与 B 的关系曲线

可以看出，随着 B 的增长，增强型满队列 LDoS 攻击模型的攻击效能呈现出先升后降的趋势。如果 $B \leqslant C$，带宽不会被完全利用，但是其利用率随 B 的增加而增加。与此相关的，在 T_1'、T_2' 和 T_3' 过程中损耗的带宽利用率显著增长。此外，攻击消耗随 B 的增长仅有小幅增长。因此，在 B 超过 C 之前，攻击效能的曲线是上升的。如果 $B > C$，带宽总是满负荷的。T_1' 和 T_2' 中损耗的带宽利用率与 $B \leqslant C$ 的情况下相同。此外，指数增长阶段 T_3' 随着 B 的增长而增长，这导致 T_3' 中的带宽利用率提高。并且，一旦 $B > C$，低效状态持续时间逐渐趋近于一个常数，该常数主要取决于 T_1' 和 T_2'。因此，攻击效能曲线在 B 超过 C 后下降。

对于增强型满队列 LDoS 攻击模型，T_1''、T_2'' 和 T_3'' 中损耗的带宽利用率随 B 的增长而增长，但是在 T_4'' 中损耗的带宽利用率降低。$T_1''+T_2''+T_3''$ 这段时间内损耗的带宽利用率在 B 较小时起主导作用，随着 B 的增长，T_4'' 损耗的带宽利用率占主导地位。因此，图 5-23 中增强型满队列 LDoS 攻击模型的曲线表现出先升后降的趋势。曲线最大值出现在 under-buffer 的情况。与满队列 LDoS 攻击模型相似，一旦 $B > 3C$ 时，低效状态持续时间也会趋近于一个常数，该常数主要由 T_1'' 和 T_2'' 决定，所以该曲线缓慢下降。

上述实验说明有较大路由器缓存队列的链路对满队列 LDoS 攻击更具免疫力。但是，在正常情况下（没有攻击的情况下），如果路由器是 over-buffered 的，那么按照式（5-5），分组的排队时延必然增加，这是因为缓存里总有分组排队。上述情况对提高 TCP 吞吐量是不利的。

🔍 5.7　本章小结

本章首先针对现有攻击场景模型中存在的问题，对网络环境给出合理的前提与定义。其次，通过分析 TCP 拥塞窗口与路由器缓存队列长度的变化行为，重新建立了一种正确的 Reno + DropTail 场景下的满队列 LDoS 攻击模型，并进一步提出了一种增强型满队列 LDoS 攻击模型。然后，对建立的两种攻击模型进行实验验证和结果分析。最后，给出攻击效能的定义，分析两种攻击的攻击效能，研究分析链路参数变化对攻击效能的影响。

参考文献

[1] GUIRGUIS M, BESTAVROS A, MATTA I. On the impact of low-rate attacks[C]//Proceedings of the 2006 IEEE International Conference on Communications. Piscataway: IEEE Press, 2006: 2316-2321.

[2] SCHUCHARD M, MOHAISEN A, KUNE D F, et al. Losing control of the Internet: using the data plane to attack the control plane[C]//Proceedings of the 17th ACM conference on Computer and communications security. New York: ACM Press, 2010: 726–728.

[3] 苗甫, 王振兴, 郭毅, 等. BGP-SIS: 一种域间路由系统 BGP-LDoS 攻击威胁传播模型[J]. 计算机应用研究, 2017, 34(12): 3735-3739.

[4] ALLMAN M, PAXSON V, BLANTON E. TCP congestion control[EB]. 2009.

[5] PAXSON V. End-to-end Internet packet dynamics[C]//Proceedings of the IEEE/ACM Transactions on Networking. Piscataway: IEEE Press, 1999: 277-292.

[6] YUE M, WU Z J, WANG M X. A new exploration of FB-shrew attack[J]. IEEE Communications Letters, 2016, 20(10): 1987-1990.

[7] ZHANG B, NG T S E, NANDI A, et al. Measurement-based analysis, modeling, and synthesis of the Internet delay space[C]//Proceedings of the IEEE/ACM Transactions on Networking. Piscataway: IEEE Press, 2010: 229-242.

[8] VILLAMIZAR C, SONG C. High performance TCP in ANSNET[J]. ACM SIGCOMM Computer Communication Review, 1994, 24(5): 45-60.

[9] OSANAIYE O, CHOO K K R, DLODLO M. Distributed denial of service (DDoS) resilience in

cloud: review and conceptual cloud DDoS mitigation framework[J]. Journal of Network and Computer Applications, 2016(67): 147-165.

[10] FLOYD S, KOHLER E. Internet research needs better models[J]. Computer Communication Review, 2003, 33(1): 29-34.

[11] APPENZELLER G, KESLASSY I, MCKEOWN N. Sizing router buffers[J]. ACM SIGCOMM Computer Communication Review, 2004, 34(4): 281-292.

第6章
针对 CUBIC 的 LDoS 攻击建模

CUBIC 是当前操作系统中使用最广泛的 TCP 拥塞控制算法[1]。例如，2.6.18 到 4.8.17 版本的 Linux 内核和 Windows 10 使用 CUBIC 作为默认的 TCP 拥塞控制算法[2]。随机早期检测（RED）算法是路由器中使用的典型主动队列管理算法[3]。CUBIC 和 RED 协同形成网络拥塞控制反馈系统，使拥塞窗口快速稳定地收敛到可用带宽，从而提高 TCP 连接的传输性能。

攻击者在 CUBIC 结合 RED 的新场景中面临严峻挑战：相比传统的拥塞控制算法，CUBIC 提高了 TCP 传输速率，提高了链路利用率。即使网络严重拥塞，CUBIC TCP 也可以快速恢复其窗口[2]。此外，当前的操作系统通常使用较短的 RTO[4]。以上两点使得传统的基于 RTO 的攻击效率较低[5-6]；由于 RED 不会使路由器缓冲区满，传统的满队列 LDoS 攻击不再适用[7]。因此，针对 CUBIC+RED 网络场景下的 LDoS 攻击具有研究价值。

6.1 CUBIC 窗口行为

CUBIC 是一个拥塞–响应的 TCP 拥塞控制算法，与传统的 TCP 相同都会在检测到分组丢失时调整拥塞窗口（cwnd）减小发送速率。每次发生丢分组后，CUBIC 会首先调整 cwnd 的大小，然后开启一个新的探测周期来探测可用带宽，直到下一轮发生分组丢失，该周期结束。

CUBIC 的窗口增长函数如图 6-1 所示，给出了 CUBIC 在一个窗口探测周期内的 cwnd 增长三次曲线。其中，$cwnd_{start}$ 表示本窗口探测周期的 cwnd 起始值；$cwnd_{max}$ 表示本窗口探测周期的猜想饱和值，同时也等于三次曲线的原点对应的 cwnd 值。

当 $cwnd \leqslant cwnd_{max}$ 时，称为稳定增长状态。当距离饱和值越远时，cwnd 增长的速度越快，因为此时 CUBIC 认为当前的 cwnd 大小仍然没有达到饱和值，即可用带宽充足，可以较快增长窗口大小；当距离饱和值越近时，cwnd 的增长速度较慢，此时 CUBIC 认为 cwnd 大小即将饱和，即可用带宽即将耗尽，因此为了避免拥塞的发生减缓 cwnd 的增长。

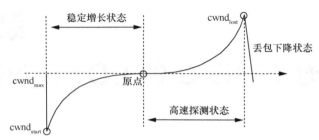

图 6-1 CUBIC 的窗口增长函数

当 $cwnd > cwnd_{max}$ 时，称为高速探测状态。在这个状态内，CUBIC 认为之前猜想的饱和值 $cwnd_{max}$ 不准确，因为事实已经证明了仍有带宽可用。因此 CUBIC 逐渐增大 cwnd 的增长速度，来探测实际的可用带宽。当 cwnd 接近 $cwnd_{max}$ 时，为了避免过于剧烈的增长造成严重拥塞，cwnd 增长变慢；当 cwnd 距离 $cwnd_{max}$ 越远时，cwnd 增长越快，是为了尽快探测出真正的可用带宽。

一旦发生丢分组，则该时刻的 cwnd 值被记录为 $cwnd_{lost}$，并将 cwnd 下降为 $cwnd_{lost} \times \beta$，且作为下一个窗口探测周期的 cwnd 初始值。除此以外，$cwnd_{lost}$ 的大小也决定了下一个窗口探测周期的 $cwnd_{max}$。当丢分组发生在稳定增长状态时，说明上一个 $cwnd_{max}$ 过大，此时 $cwnd_{max}$ 按照以下方式更新：

$$cwnd_{max} = cwnd_{lost} \times \left(\frac{1+\beta}{2} \right) \tag{6-1}$$

当丢分组发生在高速探测状态时，说明上一个 $cwnd_{max}$ 过小，此时新探测出的可用带宽 $cwnd_{max}$ 为：

$$cwnd_{max} = cwnd_{lost} \tag{6-2}$$

在每一个窗口探测周期内 CUBIC 的拥塞窗口由以下三次函数确定：

$$cwnd_{CUBIC} = c(t-K)^3 + cwnd_{max} \tag{6-3}$$

其中，c 为常数，默认值为 0.4。$cwnd_{max}$ 被认为是当前探测周期的 cwnd 猜想饱和值，即认为在 $cwnd = cwnd_{max}$ 时，这条 TCP 所占用的带宽比较合理，其值设置为 $cwnd_{max} = cwnd_{lost} \times \left(\frac{1+\beta}{2} \right)$ 或 $cwnd_{max} = cwnd_{lost}$，其中 $\beta = 0.8$。$cwnd_{start}$ 为当前窗口探测周期的 cwnd 的起始值；K 为 cwnd 从 $cwnd_{start}$ 增长至 $cwnd_{max}$ 所需的时间，$K = \sqrt[3]{\frac{cwnd_{max} - cwnd_{start}}{c}}$。可以看出，CUBIC 的每个窗口探测周期开始时，就已经确定了 cwnd 随时间变化的曲线，直到发生分组丢失。

CUBIC 在 Linux 内核中的实现与 Reno 不同之处在于：CUBIC 中的 cwnd 不再遵循每 RTT 加 1 的策略，而是通过计算当前的 cwnd 大小与利用式（6-3）求出的一个 RTT 后的 cwnd 目标值 $cwnd_{target}$ 的差值，并依据式（6-5）来推导参数 cnt 且调整 cwnd 的增长斜率，以保证一个 RTT 后 cwnd 等于 $cwnd_{target}$[8]。最终实现 cwnd 每收到 cnt 个 ACK 时加 1，并且保证 cwnd 整体变化符合式（6-3）中的三次曲线。

$$cwnd(n+1) = cwnd(n) + \frac{1}{cnt} \tag{6-4}$$

$$cnt = \frac{cwnd_{target} - cwnd(n)}{cwnd(n)} \tag{6-5}$$

当收到重复 ACK 时，cwnd 下降到原来的 0.8 而不再是减半，令 cwnd 可以更快、更稳定地收敛于可用带宽值。

$$ssthresh = cwnd \times 0.8 \tag{6-6}$$

除了拥塞窗口增长方式的变化以外，CUBIC 相比于传统 Reno 新增了 TCP 友好行为。CUBIC 依照实际时间增长拥塞窗口，而不再如 Reno 一样以 RTT 为单位增加。这保证了长时延的用户不会再像从前那样，由于窗口的增长缓慢而难以占到可用带宽而效率低下。这种变化被称为 RTT 公平性[9]，被考虑进 TCP 的设计理念中。

在实际的网络环境当中，新开发的协议版本要考虑旧版本的存在，不能导致旧版本 TCP 的性能下降。这种性质被称为"TCP 友好性"，CUBIC 的友好性表现在：其他 RTT 相关 TCP（如 Reno）的窗口增长函数增长速率会随着 RTT 的减小而快速增加，而 CUBIC 的窗口增长速率与 RTT 无关。这使得 CUBIC 在短 RTT 的情况下对 TCP 更加友好。即短 RTT 网络中，CUBIC 的窗口增长比 TCP 慢[10]。

在这种情况下，为了保证 CUBIC 的性能，会在每个窗口探测周期内计算 TCP 的窗口变化 $cwnd_{TCP}$，并且与式（6-3）进行比较。如果，$cwnd_{TCP} > cwnd_{CUBIC}$，则令 $cwnd_{CUBIC} = cwnd_{TCP}$。否则，CUBIC 的拥塞窗口正常等于 $cwnd_{CUBIC}$。其中 $cwnd_{TCP}$ 为：

$$cwnd_{TCP} = cwnd_{max} \times \beta + 3 \times \frac{1-\beta}{1+\beta} \times \frac{t}{RTT} \tag{6-7}$$

6.2　RED 队列模型

随机早期检测（RED）是因特网工程任务组（Internet Engineering Task Force，IETF）推荐的一种典型的主动队列管理算法，在网络设备中得到了广泛的应用[11-12]。

RED 的许多变种（如 ERED[13]、LRED[14]、DRED[15]）也继承了 RED 的核心思想。

RED 的主要目标是根据平均队列长度调整丢包率，从而调节网络拥塞，该平均队列长度通过加权指数移动均值（EWMA）算法得出。每当有数据包到达路由器，RED 按以下规则更新平均队列长度[3]。

$$Q = (1-w) \times Q + w \times q \tag{6-8}$$

其中，Q 表示平均队列长度，q 表示瞬时队列长度，w 表示权重。

此外，RED 设置两个门限，Q_{min} 表示最低门限，Q_{max} 表示最高门限。每次 Q 更新后，RED 将 Q 与 Q_{min} 和 Q_{max} 进行比较，并依据比较结果调整丢包率，定义丢包率为 P_b，则 P_b 可表示为：

$$P_b = \begin{cases} 0 & Q < Q_{min} \\ P_{max} \times \dfrac{Q - Q_{min}}{Q_{max} - Q_{min}} & Q_{min} \leqslant Q < Q_{max} \\ 1 & Q \geqslant Q_{max} \end{cases} \tag{6-9}$$

其中，P_{max} 是 RED 定义的最大丢包率，通常为 0.1。从式（6-9）可以看出，RED 认为当 $Q < Q_{min}$ 时，该节点没有拥塞，不丢包；$Q_{min} \leqslant Q < Q_{max}$ 时，该节点开始发生拥塞，需要通过丢包来缓解拥塞；当 $Q \geqslant Q_{max}$ 时，该节点发生严重拥塞，丢包率达到最高。

最终，RED 按照以下的方法，通过 P_b 来计算最终丢包率 P_a：

$$P_a = \frac{P_b}{1 - count \times P_b} \tag{6-10}$$

其中，count 表示从上次丢包起到当前时刻到达路由器分组的数量，如果 $Q \geqslant Q_{max}$，则 count 设置为 0。

式（6-9）和式（6-10）说明，当 $Q \geqslant Q_{max}$ 时，RED 会丢弃所有的分组。因此，路由器缓存队列不会被填满。在此情况下，攻击者无法实施满队列 LDoS 攻击。

🔍 6.3 攻击建模

6.3.1 丢包率约束下的攻击参数

RED 队列在正常情况下不会出现满队列的状态。并且，考虑 CUBIC 具有非常强的丢分组重传能力[16]，所以使用攻击脉冲令新型的 CUBIC+RED 场景下的 TCP 流发生超时是十分困难的。因此，第 4.3.3 节给出的攻击模型并不适用于 RED 队列的情况。

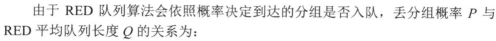

由于 RED 队列算法会依照概率决定到达的分组是否入队，丢分组概率 P 与 RED 平均队列长度 Q 的关系为：

$$\begin{cases} P = 0 & 0 < Q < Q_{\min} \\ P = \dfrac{P_{\max} \times (Q - Q_{\min})}{Q_{\max} - Q_{\min}} & Q_{\min} \leqslant Q < Q_{\max} \\ P = \dfrac{(1 - P_{\max}) \times Q}{Q_{\max}} + 2P_{\max} - 1 & Q_{\max} \leqslant Q < B \\ P = 1 & Q = B \end{cases} \tag{6-11}$$

设计攻击脉冲的目标是利用攻击脉冲使 RED 平均队列长度 Q 在脉冲持续时间内维持在某一特定值，以确保在该丢分组概率 P_{attack} 下至少有 1 个 TCP 分组会被丢弃，从而导致 TCP 发送速率的下降。令发起攻击时 TCP 的拥塞窗口大小为 $\text{cwnd}_{\text{attack}}$，该参数由攻击者选取，则该窗口下至少有一个分组被丢弃的概率 P_{loss} 可表示为：

$$P_{\text{loss}} = 1 - (1 - P_{\text{attack}})^{\text{cwnd}_{\text{attack}}} \tag{6-12}$$

当 $\text{cwnd}_{\text{attack}}$ 为确定值时，P_{loss} 与 P_{attack} 的关系曲线如图 6-2 所示，图 6-2 中的曲线分别为 $\text{cwnd}_{\text{attack}} = 30$、$\text{cwnd}_{\text{attack}} = 50$ 和 $\text{cwnd}_{\text{attack}} = 80$ 的情况。在此可认为 $P_{\text{loss}} \geqslant 0.995$ 时即可满足需要。

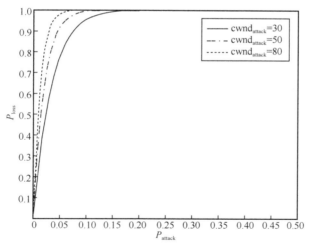

图 6-2 P_{loss} 与 P_{attack} 的关系曲线

根据式（6-11）和式（6-12）可以得到满足需要的 P_{attack} 对应的 RED 平均队列的长度 Q_{attack}。针对 RED 的 LDoS 攻击脉冲如图 6-3 所示，其攻击脉冲宽度为 L、攻击脉冲速率为 δ。

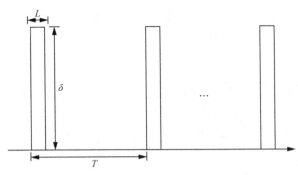

图 6-3　针对 RED 的 LDoS 攻击脉冲

由于需要攻击脉冲将 RED 平均队列长度维持在 Q_{attack} 的水平，所以入队的攻击流量速率应该等同于瓶颈链路带宽 C_b。如图 6-3 所示，攻击脉冲宽度 L 的大小应等于一个 RTT 的时间，以确保攻击分组会与合法 TCP 流相遇。因此，可以得到攻击脉冲速率 δ 与攻击脉冲宽度 L，分别表示为：

$$\begin{cases} \delta = \dfrac{C_b}{1 - P_{attack}} \\ L = \mathrm{rtt} \end{cases} \qquad (6\text{-}13)$$

CUBIC 是 BIC[9] 的增强版本，为了提高长时延网络场景下 TCP 的工作效率，CUBIC 将标准 TCP 的线性窗口增长函数修改为三次函数。在通信期间，CUBIC 在链路饱和状态下（发生分组丢失时）减小拥塞窗口 cwnd 的大小，并在丢失分组重传成功后立即快速增加 cwnd 的大小。同时，CUBIC 还保持独立于 RTT 的窗口增长率，这有助于在短时延网络场景下与 TCP 共存的友好性。当 CUBIC 窗口增长函数比标准 TCP 慢时，CUBIC 的行为与标准 TCP 相似，以便为标准 TCP 提供公平性[17]。如何针对具有上述特点的 CUBIC 发动 LDoS 攻击，还没有相关的文献发表。

6.3.2　双脉冲 LDoS 攻击模型

当 CUBIC 的发送速率动态稳定于瓶颈链路带宽时，CUBIC 的拥塞窗口交替地处于高速探测状态与稳定增长状态。这是由于丢包发生于高速探测状态后，下一个窗口探测周期的猜想饱和值为 $cwnd_{max} = cwnd_{lost}$，所以在下一个窗口探测周期中拥塞窗口 cwnd 在稳定增长状态下将达到饱和。当丢包发生于稳定增长状态后，下一个窗口探测周期的猜想饱和值为 $cwnd_{max} = cwnd_{lost} \times \left(\dfrac{1 + \beta}{2} \right)$，所以在下一个窗口探测周期中拥塞窗口 cwnd 在高速探测状态下才会达到饱和。

根据这种状态交替变化的特点，设计一种攻击脉冲间隔交替变化的双脉冲 LDoS 攻击模型，如图 6-4 所示。首先揭示在新型的 CUBIC+RED 场景下的双脉冲 LDoS 攻击模型的拥塞窗口和队列行为，然后给出攻击周期。定义在高速探测状态下，发起攻击时的拥塞窗口为 $cwnd_{attack1}$，在稳定增长状态下，发起攻击时的拥塞窗口为 $cwnd_{attack2}$。其中，$cwnd_{attack1}$ 比 $cwnd_{attack2}$ 大 1。

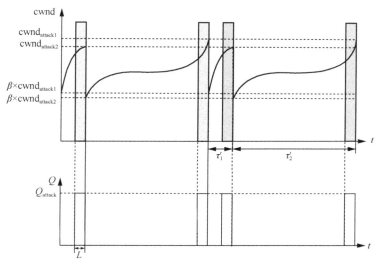

图 6-4　针对 CUBIC+RED 的双脉冲 LDoS 攻击模型

考虑 CUBIC 具有 TCP 友好模式，当 $cwnd_{attack1}$ 与 $cwnd_{attack2}$ 较小时，可能会出现 $cwnd_{TCP}$ 大于 $cwnd_{CUBIC}$ 的情况，此时攻击后的拥塞窗口和队列行为如图 6-5 所示。

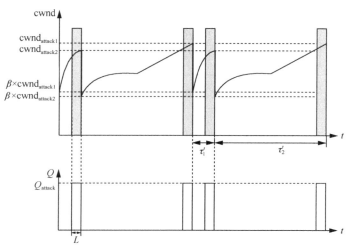

图 6-5　TCP 友好模式下的双脉冲 LDoS 攻击模型

τ_1'：在高速探测状态下，攻击脉冲造成 CUBIC 连接在拥塞窗口为 $cwnd_{attack1}$ 时发生丢分组。丢分组导致拥塞窗口 cwnd 下降为 $\beta \times cwnd_{attack1}$，并且新的窗口探测周期开始，新的窗口探测周期内 cwnd 依照式（6-3）的三次函数曲线进行增长。式（6-3）中计算 K 所需的 $cwnd_{start} = \beta \times cwnd_{attack1}$、$cwnd_{max} = cwnd_{attack1}$。

经过 τ_1' 后，$cwnd_{CUBIC}$ 应该等于 $cwnd_{attack2}$，综上可以列出方程：

$$
\begin{aligned}
cwnd_{attack2} &= \max[cwnd_{CUBIC}(\tau_1'),\ cwnd_{TCP}(\tau_1')] \\
&= \max\left[cwnd_{max} \times \beta + 3 \times \frac{1-\beta}{1+\beta}\frac{\tau_1'}{RTT}\ ,\ c(\tau_1' - K)^3 + cwnd_{max}\right]
\end{aligned}
\tag{6-14}
$$

其中，$K = \sqrt[3]{\dfrac{cwnd_{attack1} - \beta \times cwnd_{attack1}}{c}}$。

根据上述方程可以解出 τ_1' 的表达式：

$$
\tau_1' = \min\left[\frac{cwnd_{attack2} - \beta \times cwnd_{attack1}}{\dfrac{1-\beta}{1+\beta} \times \dfrac{3}{RTT}},\ \sqrt[3]{\frac{cwnd_{attack2} - cwnd_{attack1}}{c}} + K\right]
\tag{6-15}
$$

τ_2'：在稳定增长状态下，攻击脉冲造成 CUBIC 连接在拥塞窗口为 $cwnd_{attack2}$ 时发生丢分组。丢分组导致拥塞窗口 cwnd 下降为 $\beta \times cwnd_{attack2}$，并且新的窗口探测周期开始，新的窗口探测周期内 cwnd 依照式（6-3）的三次函数曲线进行增长。式（6-3）中计算 K 所需的 $cwnd_{start} = \beta \times cwnd_{attack2}$、$cwnd_{max} = cwnd_{attack2} \times \left(\dfrac{1+\beta}{2}\right)$。

经过 τ_2' 后，$cwnd_{CUBIC}$ 应该等于 $cwnd_{attack1}$，综上可以列出方程：

$$
\begin{aligned}
cwnd_{attack1} &= \max[cwnd_{CUBIC}(\tau_2'),\ cwnd_{TCP}(\tau_2')] = \\
&\max\left[cwnd_{max} \times \beta + 3 \times \frac{1-\beta}{1+\beta}\frac{\tau_2'}{RTT}\ ,\ c(\tau_2' - K)^3 + cwnd_{max}\right]
\end{aligned}
\tag{6-16}
$$

其中，$K = \sqrt[3]{\dfrac{\dfrac{1+\beta}{2} \times cwnd_{attack2} - \beta \times cwnd_{attack2}}{c}}$。

根据上述方程可以解出 τ_2' 的表达式：

$$
\tau_2' = \min\left[\frac{cwnd_{attack1} - \beta \times cwnd_{attack2}}{\dfrac{1-\beta}{1+\beta} \times \dfrac{3}{RTT}},\ \sqrt[3]{\frac{cwnd_{attack1} - cwnd_{attack2} \times \left(\dfrac{1+\beta}{2}\right)}{c}} + K\right]
\tag{6-17}
$$

6.3.3　单脉冲 LDoS 攻击模型

在 Linux 内核[18]中，CUBIC 的源代码实现，考虑计算机的二进制与十六进制运算方式，并且为了保证拥塞窗口的计算结果 $cwnd_{CUBIC}$ 始终为整数，会在中间的计算过程中近似取整。这会导致 $cwnd_{CUBIC}$ 从 $cwnd_{start}$ 增长到 $cwnd_{max}$ 的时间并不是 K，而是一个比 K 小的时间，且在 CUBIC 源代码中，从稳定增长状态到高速探测状态的过渡点位置也不是在图 6-1 中给出的原点位置，而是依据 $cwnd_{CUBIC}$ 是否小于 $cwnd_{max}$ 来进行判定。当 $cwnd_{CUBIC} \geqslant cwnd_{max}$ 时，即从 $cwnd_{CUBIC} = cwnd_{max}$ 开始，拥塞窗口进入高速探测状态。

同样因为上述的近似取整问题，虽然拥塞窗口进入了高速探测状态，cwnd 的大小并不会立刻增加，却会在很长时间内保持在 $cwnd_{max}$ 的水平。利用这一问题，设计了新型的单脉冲 LDoS 攻击模型，如图 6-6 所示。

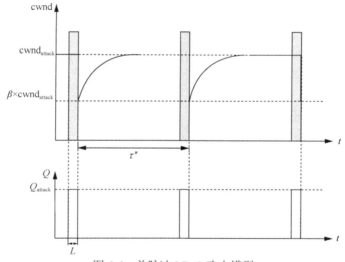

图 6-6　单脉冲 LDoS 攻击模型

首先，定义在高速探测状态下，发起攻击时的拥塞窗口为 $cwnd_{attack}$。

τ''：在高速探测状态下，攻击脉冲造成 CUBIC 连接在拥塞窗口为 $cwnd_{attack}$ 时发生丢分组。丢分组导致拥塞窗口 cwnd 下降为 $\beta \times cwnd_{attack}$，并且新的窗口探测周期开始，新的窗口探测周期内 cwnd 依照式（6-3）的三次函数曲线进行增长。式（6-3）中计算 K 所需的 $cwnd_{start} = \beta \times cwnd_{attack}$、$cwnd_{max} = cwnd_{attack}$。

认为 τ'' 应该等于拥塞窗口从 $cwnd_{start}$ 增长到 $cwnd_{attack}+1$ 的时长减去一个 RTT 的时间，即经过 $\tau''+RTT$ 后，$cwnd_{CUBIC}$ 应该等于 $cwnd_{attack}$，综上可以列出方程：

$$\text{cwnd}_{\text{attack}} = \max[\text{cwnd}_{\text{CUBIC}}(\tau'' + \text{RTT}),\ \text{cwnd}_{\text{TCP}}(\tau'' + \text{RTT})] =$$

$$\max\left[\text{cwnd}_{\max} \times \beta + 3 \times \frac{1-\beta}{1+\beta}\frac{\tau'' + \text{RTT}}{\text{RTT}}\ ,\ c(\tau'' + \text{RTT} - K)^3 + \text{cwnd}_{\max}\right] \quad （6\text{-}18）$$

其中，$K = \sqrt[3]{\dfrac{\text{cwnd}_{\text{attack}} - \beta \times \text{cwnd}_{\text{attack}}}{c}}$。

根据上述方程可以解出 τ'' 的表达式：

$$\tau'' = \min\left[\begin{array}{c} \dfrac{(\text{cwnd}_{\text{attack}} + 1) - \beta \times \text{cwnd}_{\text{attack}}}{\dfrac{1-\beta}{1+\beta} \times \dfrac{3}{\text{RTT}}}, \\[4ex] \sqrt[3]{\dfrac{(\text{cwnd}_{\text{attack}} + 1) - \text{cwnd}_{\text{attack}}}{c}} + K \end{array}\right] - \text{RTT} \quad （6\text{-}19）$$

6.4 攻击性能评估

6.4.1 模型验证

为验证模型的准确性，仍然采用 NS-2 建立实验环境，NS-2 为 CUBIC 和 RED 的模拟提供了灵活方便的支撑。建立一个具有标准网络配置的单 TCP 流的实验场景，网络拓扑如图 6-7 所示。

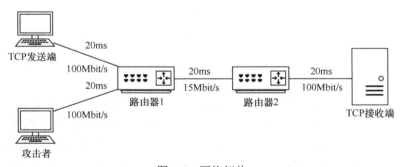

图 6-7　网络拓扑

实验中的相关参数设置如下：minRTO 设置为默认值 1s。平均 TCP 分组大小为 1000byte。瓶颈链路带宽为 15Mbit/s。TCP 发送端向 TCP 接收端方向产生合法 TCP 流。按照带宽时延积原则设置路由器缓存大小，来证实本章的攻击模型。此外，由于队列使用 RED，补充 RED 的参数设置。令 $Q_{\min} = 50$、$Q_{\max} = 150$、

$P_{max} = 0.06$。为验证模型准确性，选取攻击发起时机 $cwnd_{attack} = 50$，根据攻击发起时的 $cwnd_{attack}$ 与式（6-13），设置攻击参数 $\{L = 120ms，\delta = 16.58Mbit/s\}$。攻击者发送 UDP 分组产生 LDoS 攻击流。攻击包采用最小的 UDP 分组，其大小为 50byte。

　　在我们的实验中，首先在正常情况下跟踪 TCP 窗口和路由器缓存队列行为，如图 6-8 所示，与理论行为一致。

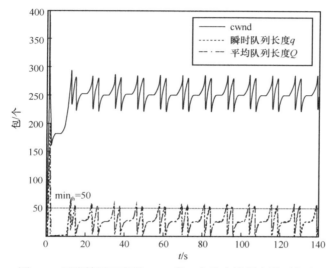

图 6-8　正常情况下跟踪 TCP 窗口和路由器缓存队列行为

　　图 6-8 显示窗口增长遵循三次函数，参考时间 t。稳定增长状态和高速探测状态之间交替发生丢包，使窗口动态稳定在饱和状态。图 6-8 还描述了与时间 t 相关的队列行为。队列长度与窗口大小密切相关。递增的窗口逐渐填满队列，直到 RED 的丢包机制触发丢包事件，然后队列长度迅速减少到几乎为零。此外，队列长度总是很小，这意味着排队时延小，不会出现严重的网络拥塞。此外，队列总是有数据包要排出（非空），这意味着队列已被充分利用。因此，给定的 RED 参数在我们的实验场景中运行良好。

1．双脉冲 LDoS 攻击模型验证

　　为了验证第 6.3.2 节提出的双脉冲 LDoS 攻击模型，选取双脉冲 LDoS 攻击发起时拥塞窗口大小为：高速探测状态下，发起攻击时的拥塞窗口为 $cwnd_{attack1} = 51$，在稳定增长状态下，发起攻击时的拥塞窗口为 $cwnd_{attack2} = 50$。记录了相邻的一个短攻击周期和一个长攻击周期内 cwnd 的变化行为，针对 CUBIC+RED 的双脉冲 LDoS 攻击的实验验证如图 6-9 所示，图 6-10 与图 6-11 分别给出了短周期与长周期内的局部放大结果。

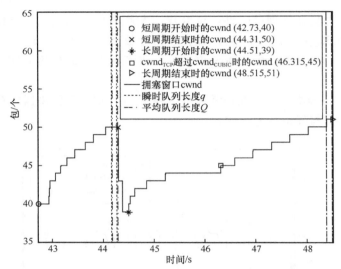

图 6-9　针对 CUBIC+RED 的双脉冲 LDoS 攻击的实验验证

图 6-9 中的过程与图 6-5 给出的理论分析模型相符合。短周期过程在 42.73s 开始，拥塞窗口 cwnd 的大小为 40；在 44.31s 时结束，拥塞窗口 cwnd 的大小为 50。这段时长为 1.58s，符合式（6-17），根据 $cwnd_{attack1} = 52$、$cwnd_{attack2} = 50$ 解出的 τ'_2。

同时，图 6-10 中的虚线与点划线分别代表了理论模型中的 $cwnd_{CUBIC}$ 与 $cwnd_{TCP}$ 的大小。通过比较 cwnd 的实验观测曲线与模型理论值 $cwnd_{CUBIC}$，他们的起始点与终止点分别重合也证明了模型的准确性。

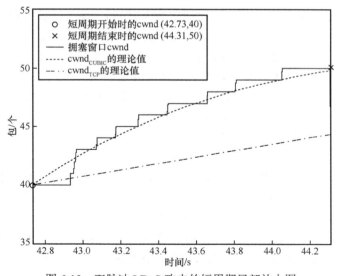

图 6-10　双脉冲 LDoS 攻击的短周期局部放大图

图 6-11 中的过程与图 6-5 给出的理论分析模型相符合。长周期过程在 44.51s 开始，拥塞窗口 cwnd 的大小为 39；在 46.315s 时，转变为 TCP 友好模式；在 48.515s 时结束，拥塞窗口 cwnd 大小为 51。这段时长为 4.005s，符合式（6-17），根据 $cwnd_{attack1} = 52$、$cwnd_{attack2} = 50$ 解出的 τ_2'。同时，图 6-11 中的虚线与点划线分别代表了理论模型中的 $cwnd_{CUBIC}$ 与 $cwnd_{TCP}$ 的大小。通过比较 cwnd 的实验观测曲线与模型理论值 $cwnd_{CUBIC}$，他们的起始点、TCP 友好模式的转换点、终止点分别重合也证明了模型的准确性。

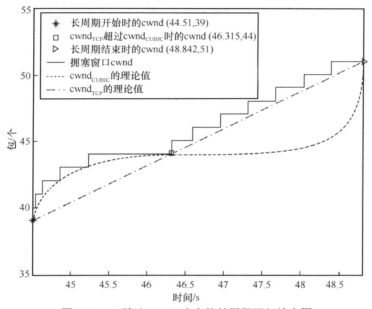

图 6-11　双脉冲 LDoS 攻击的长周期局部放大图

2. 单脉冲 LDoS 攻击模型验证

为了验证第 6.3.3 节提出的单脉冲 LDoS 攻击模型，选取攻击脉冲发起时拥塞窗口大小为 $cwnd_{attack} = 50$。记录了两个攻击周期内拥塞窗口的变化行为，针对 CUBIC+RED 的单脉冲 LDoS 攻击的实验验证如图 6-12 所示，图 6-13 给出了单周期的局部放大结果。

图 6-13 中的过程与图 6-6 给出的理论分析模型相符合。单个周期过程在 48.41s 开始，拥塞窗口 cwnd 的大小为 39。该周期在 52.51s 时结束，拥塞窗口大小为 50。这段时长为 4.1s，符合根据式（6-19），其中 $cwnd_{attack} = 50$ 解出的 τ''。同时，图 6-13 中的虚线与点划线分别代表了理论模型中的 $cwnd_{CUBIC}$ 与 $cwnd_{TCP}$ 的大小。通过比较 cwnd 的实验观测曲线与模型理论值 $cwnd_{CUBIC}$，他们的起始点、终止点分别重合也证明了模型的准确性。

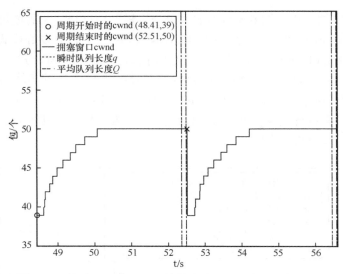

图 6-12　针对 CUBIC+RED 的单脉冲 LDoS 攻击的实验验证

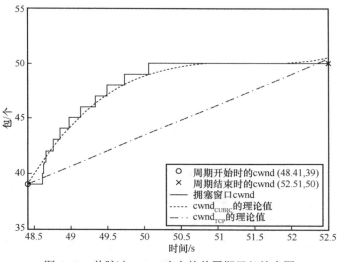

图 6-13　单脉冲 LDoS 攻击的单周期局部放大图

6.4.2　攻击效能分析比较

1. 攻击效能的计算

为了探究本章所提新型的CUBIC+RED场景下单-双脉冲LDoS攻击模型的攻击性能，本节将分别对两种模型的攻击效能进行理论分析。

（1）双脉冲 LDoS 攻击模型的效能

新型 CUBIC+RED 场景下的双脉冲 LDoS 攻击模型（以下简称为 D 模型）的

攻击损耗可表示为：

$$\text{Damage}'_{\text{CUBIC}} = C_{\text{b}} - \frac{G'_1 + G'_2}{\tau'_1 + \tau'_2} \tag{6-20}$$

其中，τ'_1 与 τ'_2 由式（6-15）与式（6-17）给出。在短攻击周期与长攻击周期内 TCP 能发送的 TCP 流计算式如下：

$$G'_1 = \int_0^{\tau'_1} \frac{\max\left[\text{cwnd}_{\text{attack1}} \times \beta + 3 \times \frac{1-\beta}{1+\beta} \frac{t}{\text{RTT}} , c(t-K)^3 + \text{cwnd}_{\text{attack1}} \right]}{\text{RTT}} \mathrm{d}t \tag{6-21}$$

$$G'_2 = $$
$$\int_0^{\tau'_2} \frac{\max\left[\text{cwnd}_{\text{attack2}} \times \left(\frac{1+\beta}{2}\right) \times \beta + 3 \times \frac{1-\beta}{1+\beta} \frac{t}{\text{RTT}} , c(t-K)^3 + \text{cwnd}_{\text{attack2}} \times (\frac{1+\beta}{2}) \right]}{\text{RTT}} \mathrm{d}t$$
$$\tag{6-22}$$

双脉冲 LDoS 攻击模型的攻击消耗可表示为：

$$\text{Cost}'_{\text{CUBIC}} = \frac{L \times \delta_1 + L \times \delta_2}{\tau'_1 + \tau'_2} =$$
$$\left(\frac{C_{\text{b}} \times \text{rtt}}{1 - P_{\text{attack}}(\text{cwnd}_{\text{attack1}})} + \frac{C_{\text{b}} \times \text{rtt}}{1 - P_{\text{attack}}(\text{cwnd}_{\text{attack2}})} \right) / (\tau'_1 + \tau'_2) \tag{6-23}$$

将式（6-20）与式（6-23）代入式（5-21），即可得到双脉冲 LDoS 攻击效能。

（2）单脉冲 LDoS 攻击模型的效能

新型 CUBIC+RED 场景下的单脉冲 LDoS 攻击模型（以下简称为 S 模型）的攻击损耗可表示为：

$$\text{Damage}''_{\text{CUBIC}} = C_{\text{b}} - \frac{G''}{\tau''} \tag{6-24}$$

其中，τ'' 由式（6-19）给出。在攻击周期内 TCP 能发送的 TCP 流计算式如下：

$$G'' = \int_0^{\tau''} \frac{\max[\text{cwnd}_{\text{attack}} \times \beta + 3 \times \frac{1-\beta}{1+\beta} \frac{t}{\text{RTT}} , c(t-K)^3 + \text{cwnd}_{\text{attack}}]}{\text{RTT}} \mathrm{d}t \tag{6-25}$$

新型 CUBIC+RED 场景下的单脉冲 LDoS 攻击模型的攻击消耗可表示为：

$$\text{Cost}''_{\text{CUBIC}} = \frac{L \times \delta}{\tau''} = \frac{C_b \times \text{rtt}}{(1 - P_{\text{attack}}(\text{cwnd}_{\text{attack}})) \times \tau''} \tag{6-26}$$

将式（6-24）与式（6-26）代入式（5-21），即可以得到单脉冲 LDoS 的攻击效能。

2. 标准网络配置下的攻击效能比较

在标准网络配置的实验环境下，随机选择 5 个攻击周期来测试攻击损耗和攻击效能。图 6-14 和图 6-15 给出了测试结果。其中，D 模型对应双脉冲 LDoS 攻击模型，S 模型对应单脉冲 LDoS 攻击模型。

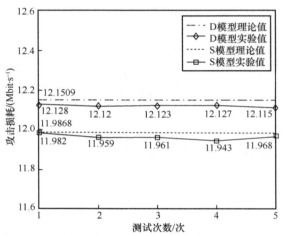

图 6-14　D 模型和 S 模型的攻击损耗比较

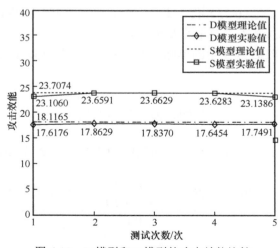

图 6-15　D 模型和 S 模型的攻击效能比较

从图 6-14 中可以看出，D 模型导致平均 12.15Mbit/s 攻击损耗，S 模型导致平均 11.99Mbit/s 攻击损耗。这表明，在标准网络配置的实验场景中，D 模型和 S 模型分别将 TCP 吞吐量降低了约 81%和 80%。此外，从图 6-15 中可以看出，D 模型的 1 个攻击比特造成约 18 个 CUBIC TCP 比特的损耗，而 S 模型的 1 个攻击比特造成约 23 个 CUBIC TCP 比特的损耗。

接下来，将 $cwnd_{attack}$ 从 20 变化到 240 来探索 D 模型和 S 模型的最大攻击效能。图 6-16 绘制了根据式（6-20）～式（6-26）与 $cwnd_{attack}$ 获得的 D 模型和 S 模型的攻击效能曲线，同时提供了用于比较的实验值，可以看出，实验值与理论值保持一致。此外，在 $cwnd_{attack}$ = 81（攻击效能 = 21.07）时，D 模型的 1 个攻击比特可以破坏多达 21.07 个 CUBIC TCP 比特，而在 $cwnd_{attack}$ = 60 时，S 模型的这个指标是 25.80，即攻击效能提高了约 20%。

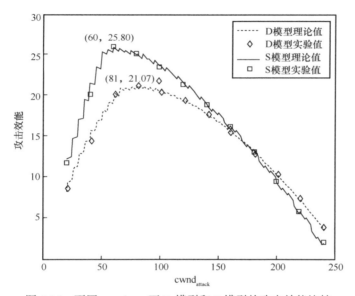

图 6-16　不同 $cwnd_{attack}$ 下 D 模型和 S 模型的攻击效能比较

在实际中，为了确定可获得最大攻击效能的最佳 $cwnd_{attack}$，攻击者可以在理论上计算这个参数，然后使用网络测量技术[19-24]来跟踪实际窗口大小。或者，攻击者也可以诱导目标 TCP 连接超时，然后从慢启动开始跟踪窗口行为以获得预期的 $cwnd_{attack}$。

接下来，将所提攻击模型与传统基于 RTO 的攻击模型进行比较。在如图 6-7 所示的相同的拓扑实验环境中实现传统的基于 RTO 的攻击，根据式（6-13）设置攻击参数 δ 和 L，并设置 T = RTO。图 6-17 给出了 5 个攻击周期的平均攻击效能。

对于传统基于 RTO 的攻击模型，当 RTO 为 1s（RFC 6298[25]中的推荐值）时，1 个攻击比特可造成约 8 个 CUBIC TCP 比特的损耗，而当 RTO 为 200ms（当前操作系统中的实际值[5]）时，所造成的平均 CUBIC TCP 损耗不到 2 个比特。测试结果表明，在最坏的情况下，所提攻击模型在攻击效能方面优于传统攻击模型至少 250%。特别是当 RTO 为 200ms 时，这种攻击不再是低速率攻击，因此失去了隐蔽性，更容易被发现。

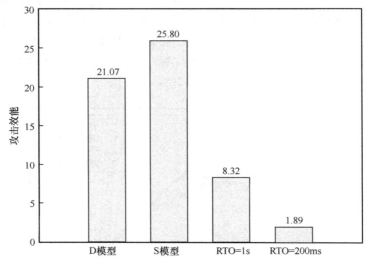

图 6-17　所提攻击模型与传统基于 RTO 的攻击模型的攻击效能比较

3.　网络参数对攻击效能的影响

为了进一步验证两种模型的有效性并评估网络参数对其攻击效能的影响，接下来在不同的网络环境中进行了更广泛的实验。使用与图 6-7 相同的网络拓扑，但网络参数不同。此外，由于本研究侧重于最坏的情况，将模型可以在给定网络参数下最大化攻击效能的最佳窗口大小定义为 $cwnd_o$。在以下实验中，所有分析均在 $cwnd_o$ 进行。

（1）RTT 对攻击效能的影响

首先关注 RTT 对攻击效能的影响。网络拓扑结构与前文保持一致，实验环境的瓶颈链路带宽固定为 15Mbit/s，缓存大小按带宽时延积设置。为探究 RTT 的影响，设置 rtt 为 20～400ms[26-27]。

最佳窗口大小 $cwnd_o$ 随 RTT 的变化如图 6-18 所示，可以看出，最佳窗口大小随 RTT 的增长而增长。这是因为 RTT 的增长允许 TCP 连接增加窗口以充分利用瓶颈带宽，因此，攻击者可以选择更大的窗口大小来触发丢包，以获得最大的攻击效力。

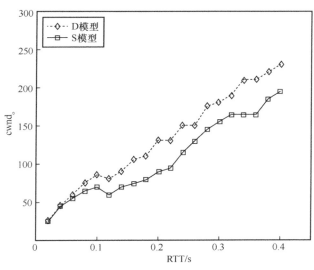

图 6-18　最佳窗口大小 cwnd_o 随 RTT 的变化

　　攻击周期与 RTT 的关系曲线如图 6-19 所示，可以看出，攻击周期随着 RTT 的增长而增长。虽然 D 模型的攻击周期要比 S 模型的大，但是始终没有超过 S 模型攻击周期的两倍，所以，可以预见 D 模型的攻击消耗要比 S 模型的大。另外，攻击周期在初始阶段快速增长，然后当 RTT 大于 80ms 时，增长速度变得相对缓慢。这是因为在 RTT 较小的时候，CUBIC 主要工作在 TCP 友好模式下。此时，窗口增长依赖于 RTT，因此，攻击周期随着攻击窗口与 RTT 的增加而显著增加。然而，在 RTT 较大的情况下，窗口增长与 RTT 无关，攻击周期与攻击窗口的立方根正相关。

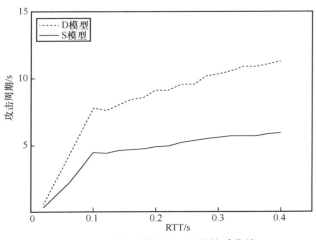

图 6-19　攻击周期与 RTT 的关系曲线

攻击消耗与 RTT 的关系曲线如图 6-20 所示，可以看出，这里攻击消耗的变化规律和预测的一样，D 模型的攻击消耗要比 S 模型的更大一些，且在 80ms 之前，消耗值处于下降趋势。这是因为，当 CUBIC 处于 TCP 友好模式时，攻击消耗的值只与攻击窗口有关，而攻击窗口在分母上，所以，攻击消耗随着攻击窗口的增长而降低。相反，在长 RTT 的情况下，窗口增长独立于 RTT，所以，攻击消耗应该随着 RTT 的增加而增加，同时也随着攻击窗口的三次方的增加而降低。但是，RTT 的增加更加显著，所以整体下来，攻击消耗呈现出来的是上升趋势。

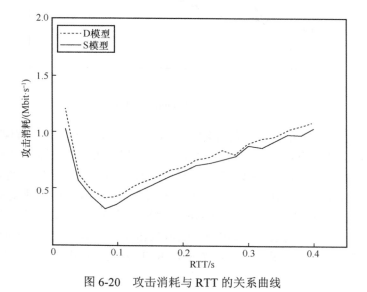

图 6-20　攻击消耗与 RTT 的关系曲线

D 模型和 S 模型的 TCP 吞吐量随 RTT 变化的曲线如图 6-21 所示，其中包括理论值与实验值，可以观察到实验值与理论值基本保持一致。其中，TCP 吞吐量随着 RTT 的增加呈现整体下降的趋势，并且 S 模型比 D 模型导致更大的 TCP 损耗，这是因为 S 模型将拥塞窗口约束在更低的水平。此外，从图 6-21 中观察到，TCP 吞吐量在 RTT = 80ms 时急剧下降。这表明所设计的攻击模型对于 80ms 以下的短 RTT 流损耗较小，这是由于 TCP 友好模式的作用，而超过 80ms 的长 RTT 流则面临着更高程度的损耗。

D 模型和 S 模型的最大攻击效能随 RTT 变化的曲线如图 6-22 所示，其中包括理论值与实验值，可以观察到实验值与理论值基本保持一致。此外，在给定的 RTT 取值范围内，D 模型的最大攻击效能低于 S 模型。最大攻击效能出现在 80～120ms。在该范围内，CUBIC TCP 流同时工作在 TCP 友好模式和三次窗口增长模式。

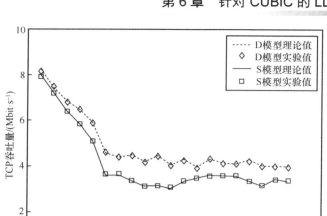

图 6-21　D 模型和 S 模型的 TCP 吞吐量随 RTT 变化的曲线

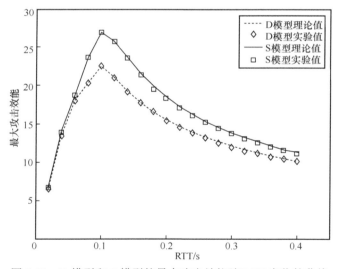

图 6-22　D 模型和 S 模型的最大攻击效能随 RTT 变化的曲线

以上分析说明 RTT 的取值与 LDoS 攻击的破坏性相关。CUBIC 本来可以提高长 RTT 流的传输速率，但 RTT 值越大，被 LDoS 攻击的损耗程度越大，即攻击效能高。此外，S 模型可以使攻击者获得更高的攻击效能。

（2）瓶颈链路带宽对攻击效能的影响

接下来研究瓶颈链路带宽对攻击效能的影响。网络拓扑结构与前文保持一致，实验环境的往返时延固定为 120ms，缓存大小按带宽时延积设置。为探究瓶颈链路带宽的影响，设置瓶颈链路带宽 C_b 为 10Mbit/s～1Gbit/s。

最佳窗口大小与瓶颈链路带宽的关系曲线如图 6-23 所示，可以看出，最佳窗口大小随着瓶颈链路带宽的增长而增大。这是因为在正常情况下，随着瓶颈链路带宽的增长，TCP 的拥塞窗口值也会越来越大，这样，攻击者就可以选择在 TCP 增长到更大的窗口值时发起攻击脉冲，从而获得更大的攻击效能。

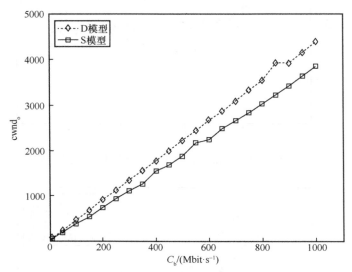

图 6-23　最佳窗口大小与瓶颈链路带宽的关系曲线

攻击周期与瓶颈链路带宽的关系曲线如图 6-24 所示，可以看出，攻击周期随瓶颈链路带宽的增长而增长，且 D 模型的攻击周期 T 比 S 模型的增长更快。当瓶颈链路带宽超过 150Mbit/s 时，D 模型的攻击周期是 S 模型攻击周期的两倍以上。

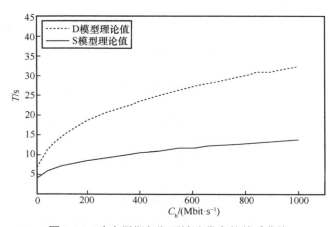

图 6-24　攻击周期与瓶颈链路带宽的关系曲线

攻击消耗与瓶颈链路带宽的关系曲线如图 6-25 所示，可以看出，攻击消耗随瓶颈链路带宽的增长而增长，这是因为攻击者要想拥塞瓶颈链路，就要增加攻击脉冲速率。另外，在瓶颈链路带宽较小的时候，两种攻击模型的攻击消耗几乎相等，但是 S 模型的增长速率要比 D 模型的快，且当瓶颈链路带宽大于 150Mbit/s 时，D 模型的攻击消耗比 S 模型的明显要小。这是因为尽管 D 模型每个周期发送两个脉冲，但其攻击周期却能够大幅度延长。

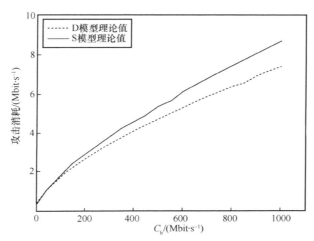

图 6-25　攻击消耗与瓶颈链路带宽的关系曲线

TCP 吞吐量随瓶颈链路带宽变化的曲线如图 6-26 所示，可以看出，实验值与理论值基本保持一致。TCP 吞吐量随瓶颈链路带宽的增长而增长，且 S 模型造成的攻击损耗要比 D 模型的高，这是因为发起 S 模型可将拥塞窗口限制得更低。

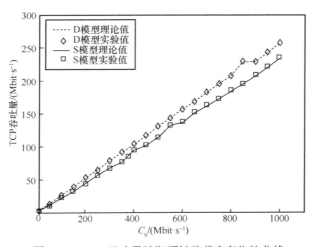

图 6-26　TCP 吞吐量随瓶颈链路带宽变化的曲线

最大攻击效能随瓶颈链路带宽变化的曲线如图 6-27 所示，可以看出，实验值与理论值基本保持一致。最大攻击效能随瓶颈链路带宽的增长而增长，在瓶颈链路带宽为 150Mbit/s 之前，D 模型的攻击效能稍低于 S 模型的攻击效能。在瓶颈链路带宽大于 150Mbit/s 后，D 模型的攻击效能高于 S 模型的攻击效能，且增长速率要比 S 模型的快。

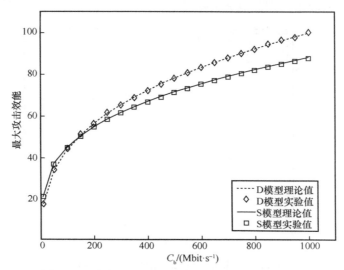

图 6-27　最大攻击效能随瓶颈链路带宽变化的曲线

以上实验说明，增加瓶颈链路带宽有助于提高 TCP 传输速率，同时有助于提高攻击效能。特别是对于 D 模型，瓶颈链路带宽的增加会产生更多的负面影响。D 模型的攻击效能在高带宽网络中变得越来越突出。在实践中，为了达到攻击效能上限，攻击者可以根据目标网络场景灵活选择这两种攻击模型。

（3）多 TCP 流场景下的攻击效能

当始终有来自应用层的数据可供发送时，CUBIC TCP 流之间的唯一区别是它们的往返时延。首先，讨论攻击模型对两个同步 CUBIC TCP 流的影响。这两条流具有相同 RTT = 120ms，共享容量 C_b = 15Mbit/s 的瓶颈链路。由于两个 CUBIC TCP 流具有相同的 RTT，因此它们与拥塞控制相关的行为将完全同步。图 6-28 和图 6-29 分别显示了在 D 模型和 S 模型下均匀 CUBIC TCP 流的窗口行为，可以观察到，两条流同时进入稳定增长状态和高速探测状态，并同时增加它们的窗口，当发生丢包时，它们会同步减小窗口。经过计算，在 D 模型攻击下，瓶颈链路上的吞吐量下降了 61.20%，而在 S 模型下该指标下降了 48.47%。此外，D 模型的 1 个攻击比特可以损耗 11.35 个 CUBIC TCP 比特（攻击效能 = 11.35），而 S 模型的这个指标是 17.58。

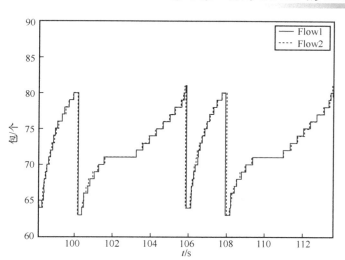

图 6-28　D 模型下均匀 CUBIC TCP 流的窗口行为

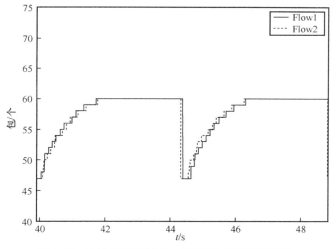

图 6-29　S 模型下均匀 CUBIC TCP 流的窗口行为

　　其次，将实验扩展为两个异步 CUBIC TCP 流的场景，其中 RTT 分别设置为 120ms 和 400ms，瓶颈链路带宽 C_b 设置为 15Mbit/s。之前的研究表明 CUBIC 的公平性不佳[28-30]。当两个 CUBIC TCP 流具有不同的 RTT 时，短 RTT 流将比长 RTT 流获得更高的吞吐量[31]。因此，为了获得更好的攻击效果，选择短 RTT 流作为攻击目标。

　　图 6-30 和图 6-31 分别展示了 D 模型和 S 模型下这两个异步 CUBIC TCP 流的窗口行为，可以观察到，基于短 RTT 的攻击不仅限制了短 RTT 流的窗口增长，而且还迫使长 RTT 流的窗口保持在较低水平。在 D 模型攻击下，瓶颈链路上的吞

吐量下降了 38.97%，而在 S 模型下该指标下降了 31.27%。而且，D 模型的 1 个攻击比特可以造成多达 17.98 个 CUBIC TCP 比特的损耗（攻击效能 = 17.98），而 S 模型的这个指标是 23.43。

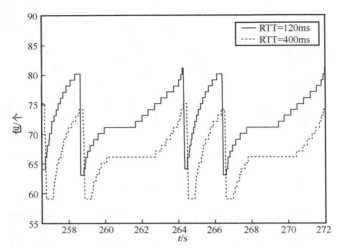

图 6-30　D 模型下异步 CUBIC TCP 流的窗口行为

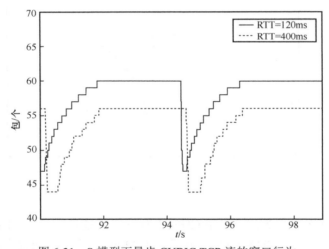

图 6-31　S 模型下异步 CUBIC TCP 流的窗口行为

　　接下来，将第一个流的 RTT 固定为 120ms，并将第二个流的 RTT 在 20～400ms 取值[2,31-33]。另外，始终选择 RTT 较短的流作为目标，并参考该目标流配置攻击参数。第二个流 RTT 和最大攻击效能的关系曲线如图 6-32 所示，横轴表示第二个流的 RTT，纵轴表示 D 模型和 S 模型达到的最大攻击效能。可以观察到，在异步流的场景下，如果一个流的 RTT 固定，攻击效能会随着另一个流的 RTT 的增长而增加。这是因为 RTT 越长的流在攻击下越能降低其拥塞窗口，从而更显著地降低了链路的利用率。

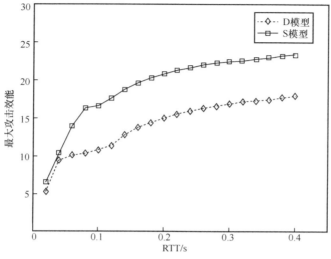

图 6-32　第二个流 RTT 和最大攻击效能的关系曲线

以上讨论表明，所提攻击模型可以在多个 CUBIC TCP 流的场景中达到出色的攻击效能。特别是对于异步的 CUBIC TCP 流，攻击可以强制这些流同时丢包并同步恢复窗口。

🔍 6.5　本章小结

本章首先分析了缓存队列中的分组吞吐过程，并根据对该过程的分析来设计新型场景下 LDoS 攻击模型的最小消耗单个脉冲形式。其次建立了新型 CUBIC + RED 场景下的双脉冲 LDoS 攻击模型与单脉冲 LDoS 攻击模型。然后对建立的两种模型进行实验，验证模型的准确性，分析了两种攻击的攻击效能及最大化攻击效能的参数设置方法，并且进行了实验验证。最后，研究分析链路参数变化对攻击效能的影响。

参考文献

[1] YANG P, SHAO J, LUO W, et al. TCP congestion avoidance algorithm identification[J]. IEEE/ACM Transactions on Networking, 2014, 22(4): 1311-1324.

[2] HA S, RHEE I, XU L S. CUBIC: a new TCP-friendly high-speed TCP variant[J]. ACM SIGOPS Operating Systems Review, 2008(42): 64-74.

[3] FLOYD S, JACOBSON V. Random early detection gateways for congestion avoidance[J]. IEEE/ACM Transactions on Networking, 1993, 1(4): 397-413.

[4] ABDELMONIEM A M, BENSAOU B, ABU A J. Mitigating incast-TCP congestion in data centers with SDN[J]. Annals of Telecommunications, 2018, 73(3): 263-277.

[5] REBECCA W, HOPE C A. CS244'17: low-rate TCP-targeted denial of service attacks[EB]. 2017.

[6] WU Z J, LI W J, LIU L, et al. Low-rate DoS attacks, detection, defense, and challenges: a survey[J]. IEEE Access, 2020(8): 43920-43943.

[7] YUE M, WANG M X, WU Z J. Low-high burst: a double potency varying-RTT based full-buffer shrew attack model[J]. IEEE Transactions on Dependable and Secure Computing, 2021, 18(5): 2285-2300.

[8] AHMAD M, BIN NGADI A, NAWAZ A, et al. a survey on TCP CUBIC variant regarding performance[C]//Proceedings of the 2012 15th International Multitopic Conference (INMIC). Piscataway: IEEE Press, 2012: 409-412.

[9] XU L S, HARFOUSH K, RHEE I. Binary increase congestion control (BIC) for fast long-distance networks[C]//Proceedings of the IEEE INFOCOM. Piscataway: IEEE Press, 2004: 2514-2524.

[10] HA S, RHEE I, XU L S. CUBIC[J]. ACM SIGOPS Operating Systems Review, 2008, 42(5): 64-74.

[11] FAIRHURST G, BAKER F. IETF recommendations regarding active queue management[EB]. 2015.

[12] KUHN N, NATARAJAN P, KHADEMI N, et al. Characterization guidelines for active queue management[EB]. 2016.

[13] LIU S, BASAR T, SRIKANT R. Exponential-RED: a stabilizing AQM scheme for low-and high-speed TCP protocols[J]. IEEE/ACM Transactions on Networking, 2005, 13(5): 1068-1081.

[14] WANG C G, LIU J C, LI B, et al. LRED: a robust and responsive AQM algorithm using packet loss ratio measurement[J]. IEEE Transactions on Parallel and Distributed Systems, 2007, 18(1): 29-43.

[15] CHENG M J, WANG H Y, YAN L. Dynamic RED: a modified random early detection[EB]. 2011.

[16] JAIN S, RAINA G. An experimental evaluation of CUBIC TCP in a small buffer regime[C]//Proceedings of the 2011 National Conference on Communications (NCC). Piscataway: IEEE Press, 2011: 1-5.

[17] CHAVAN S. Should paced TCP Reno replace CUBIC in Linux? [C]//Proceedings of the 2016

8th International Conference on Communication Systems and Networks (COMSNETS). Piscataway: IEEE Press, 2016: 1-8.

[18] WEI D X, CAO P. NS-2 TCP-Linux: an NS-2 TCP implementation with congestion control algorithms from Linux[C]//Proceedings of the 2006 Workshop on ns-2: the IP Network Simulator - WNS2 '06. New York: ACM Press, 2006: 9.

[19] DOVROLIS C, RAMANATHAN P, MOORE D. What do packet dispersion techniques measure?[C]//Proceedings IEEE INFOCOM 2001. Conference on Computer Communications. Twentieth Annual Joint Conference of the IEEE Computer and Communications Society (Cat. No.01CH37213). Piscataway: IEEE Press, 2002: 905-914.

[20] JAIN M, DOVROLIS C. End-to-end available bandwidth: measurement methodology, dynamics, and relation with TCP throughput[J]. IEEE/ACM Transactions on Networking, 2003, 11(4): 537-549.

[21] LIU J, CROVELLA M. Using loss pairs to discover network properties[C]//Proceedings of the First ACM SIGCOMM Workshop on Internet Measurement - IMW '01. New York: ACM Press, 2001.

[22] GUREWITZ O, CIDON I, SIDI M. One-way delay estimation using network-wide measurements[J]. IEEE Transactions on Information Theory, 2006, 52(6): 2710-2724.

[23] VAKILI A, GREGOIRE J C. Accurate one-way delay estimation: limitations and improvements[J]. IEEE Transactions on Instrumentation and Measurement, 2012, 61(9): 2428-2435.

[24] XUE L, MA X B, LUO X P, et al. LinkScope: toward detecting target link flooding attacks[J]. IEEE Transactions on Information Forensics and Security, 2018, 13(10): 2423-2438.

[25] PAXSON V, ALLMAN M, CHU J, et al. Computing TCP's retransmission timer[EB]. 2011.

[26] JIANG H, DOVROLIS C. Passive estimation of TCP round-trip times[J]. ACM SIGCOMM Computer Communication Review, 2002, 32(3): 75-88.

[27] FLOYD S, KOHLER E. Internet research needs better models[J]. ACM SIGCOMM Computer Communication Review, 2003, 33(1): 29-34.

[28] KOZU T, AKIYAMA Y, YAMAGUCHI S. Improving RTT fairness on CUBIC TCP[C]// Proceedings of the 2013 First International Symposium on Computing and Networking. Piscataway: IEEE Press, 2013: 162-167.

[29] CARDWELL N, CHENG Y, GUNN C S, et al. BBR: congestion-based congestion control[J]. Queue, 2016, 14(5): 20-53.

[30] LEE S, LEE D M, LEE M, et al. Randomizing TCP payload size for TCP fairness in data center networks[J]. Computer Networks, 2017(129): 79-92.

[31] VARDOYAN G, HOLLOT C V, TOWSLEY D. Towards stability analysis of data transport mechanisms: a fluid model and an application[C]//Proceedings of the IEEE INFOCOM 2018 - IEEE Conference on Computer Communications. Piscataway: IEEE Press, 2018: 666-674.

[32] KUZMANOVIC A, KNIGHTLY E W. Low-rate TCP-targeted denial of service attacks: the shrew vs. the mice and elephants[C]//Proceedings of the 2003 conference on Applications, technologies, architectures, and protocols for computer communications. New York: ACM Press, 2003: 75-86.

[33] YOUNG H, BRADLEY H. Round-trip time Internet measurements from CAIDA's macroscopic Internet topology monitor[EB]. 2020.

第 7 章
基于组合神经网络的 LDoS 攻击检测

LDoS 攻击脉冲速率低，有利于其隐蔽于正常网络流量中。如何在大规模背景流量中，判断是否混有 LDoS 攻击流是攻击检测的难点。本章基于网络流量多重分形模型，提取攻击特征。采用小波变换结合组合神经网络的方法设计攻击检测模型，小波变换用于处理网络流量采样数据，计算多尺度归一化能量谱系数。组合神经网络则进一步对归一化能量谱系数进行分类，判断正常网络流量中是否混有 LDoS 攻击流。

🔍 7.1　网络流量多重分形模型

现有研究表明，网络流量在小时间尺度上呈现多重分形特征。多重分形理论为表征网络流量的奇异性提供了一个很好的数学模型。此外，小波变换为多重分形分析提供了一个强有力的数学手段。跨时间的网络流量可以建模为随机过程。如果 $x(t)$ 具有平稳增量并满足以下条件，则称为多重分形。

$$E\left[\left|X(\Delta t)\right|^q\right] = c(q)\Delta t^{\tau(q)+1} = c(q)\Delta t^{\tau_0(q)} \qquad (7\text{-}1)$$

其中，$\tau(q)$ 是描述网络流量随时间变化的标度函数，$c(q)$ 是反映网络流量突发变化的力矩因子。如果 $\tau(q)$ 在 q 中是非线性的，则 $x(t)$ 称为多重分形；否则，它被称为单分形。

网络流量的多重分形源于 TCP 的拥塞控制机制和多个 TCP 连接的聚合[1-2]。据统计，互联网中 95% 以上的字节总数和 90% 以上的数据包都是由 TCP 传输的[3]，因此网络流量总体上呈现多重分形的特征。N 个 TCP 连接组成的网络模型如图 7-1 所示。

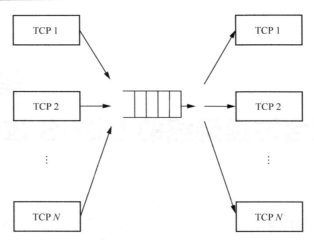

图 7-1　N 个 TCP 连接组成的网络模型

在图 7-1 的网络中，随机序列 $x(t)$ 是通过对聚合的 TCP 流量进行采样而获得的，是字节数。通过 MF-DFA 算法对 $x(t)$ 进行分析[4]，得到标度函数 $\tau(q)$ 与阶数 q 之间的关系，关系曲线如图 7-2 所示。

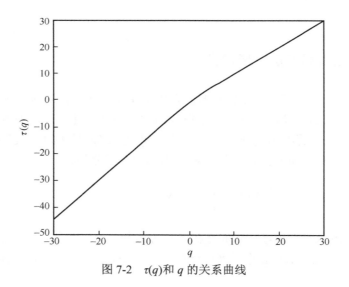

图 7-2　$\tau(q)$ 和 q 的关系曲线

通常，LDoS 攻击就是在如图 7-1 所示的网络模型中实施的，通过阻塞多个 TCP 连接共享的瓶颈链路，迫使 TCP 连接降低服务质量。当 LDoS 攻击爆发时，网络流量混合了正常的 TCP 流和 LDoS 攻击流。在这种情况下，网络流量将表现出不同于正常情况的多重分形特征，有助于识别正常网络流量和 LDoS 攻击流量。

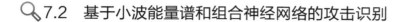

7.2　基于小波能量谱和组合神经网络的攻击识别

7.2.1　多重分形的小波能量谱分析

离散小波变换是分析网络流量多重分形特征的有效方法。它在不同的时间尺度上对一个信号提供全方位的观测[5]，网络流量的采样信号 $X(t)$ 可以用标度函数 $\varphi_{j_0,k}(t)$ 和小波函数 $\psi_{j_0,k}(t)$ 表示：

$$X(t) = \sum_k c_{j_0,k}\varphi_{j_0,k}(t) + \sum_k \sum_{j=j_0} d_{j,k}\psi_{j_0,k}(t) \qquad (7\text{-}2)$$

其中，$c_{j_0,k}$ 是缩放系数，$d_{j,k}$ 是小波系数，它们可以通过 Mallet 算法获得。研究信号全局定标特性的常用方法是固定一个尺度 j，并分析该信号，以研究信号在时间上作为 j 的函数的定标行为。

多重分形代表了网络流量在小时间尺度上的特征，小波能量谱可以反映多重分形特征。假设 $x(t)$ 是多重分形过程，$d_{j,k}$ 是 $x(t)$ 的小波系数。小波能量谱系数 μ_j 定义为 $d_{j,k}$ 的二阶均值，表示为：

$$\mu_j = \frac{1}{n_j}\sum_{k=1}^{n_j}\left|d_{j,k}\right|^2 \qquad (7\text{-}3)$$

其中，n_j 是 j 尺度下的小波系数数量，代表在给定带宽为 2^{-j}、频率为 $2^{-j}w_0$ 内的能量谱。因此，μ_j 的期望值可表示为：

$$E\left[\mu_j\right] = c_f\left|2^{-j}\omega_0\right|^{1-2H}\int|\omega|^{1-2H}\left|\psi(\omega)\right|^2 \mathrm{d}\omega \qquad (7\text{-}4)$$

其中，c_f 是常数，$\psi(\omega)$ 是 $\psi(t)$ 的傅里叶变换。$E[\mu_j]$ 与尺度 j 无关，通过分析 $\mathrm{lb}\mu_j$ 与尺度 j 之间的关系，可以得到 $x(t)$ 的有效尺度分析，同时可以得到 Hurst 参数的估计如下：

$$\mathrm{lb}\mu_j = (1-2H)j + C \qquad (7\text{-}5)$$

其中，C 是一个常数。在式（7-5）中，$\mathrm{lb}\mu_j$ 表征网络流量的行为。从 $\mathrm{lb}\mu_j$ 和 j 之间的关系可以确定信号的多重分形，如果 $\mathrm{lb}\mu_j$ 对 j 是线性的，那么信号将是一个多重分形过程。不同的链路带宽值会影响能量谱系数 $\mathrm{lb}\mu_j$ 的二进制对数；因此，将 $\mathrm{lb}\mu_j$ 归一化为一组具有零均值的估计量，用式（7-6）计算：

$$\overline{\mathrm{lb}\mu_j} = \mathrm{lb}\mu_j - \sum_{j=1}^{J} \frac{\mathrm{lb}\mu_j}{J} \tag{7-6}$$

其中，J 是最大尺度。这些估计量 $\mathrm{lb}\mu_j$ 被定义为归一化的小波能量谱系数（Normalized Wavelet Energy Spectrum Coefficient，NWESC），NWESC 将作为攻击特征输入下面提出的攻击流分类模型。

7.2.2 组合神经网络检测模型

神经网络是一种典型的机器学习算法。与任何单一模型比较，组合神经网络模型通常具有更高的预测精度。这种组合结构基于堆叠泛化[6]，其特点是从原始数据集的几个分区向泛化器网络发送信息。堆叠泛化是一种更复杂的交叉验证模式，比单层神经网络的泛化性能更好。堆叠泛化模型包括多级泛化器，第一级泛化器输出的中间预报数据是第二级泛化器的输入，并依此类推。

基于上述分析，所使用的组合神经网络模型如图 7-3 所示，通过该网络对正常网络流量和 LDoS 攻击流量进行分类。

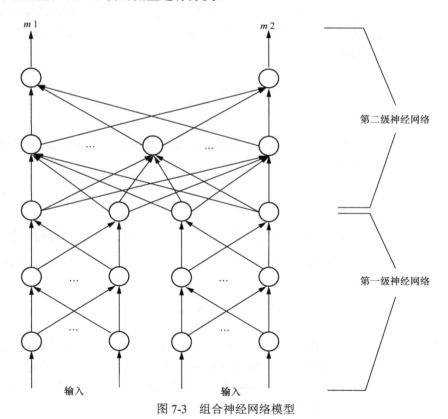

图 7-3　组合神经网络模型

图 7-3 中，组合神经网络共有两级，第一级由 2 组神经网络构成，对应 2 类流量（正常网络流量和 LDoS 攻击流量）。用 NWESC 作为输入进行训练，每个网络中的神经元数量等于小波变换提取的输入特征向量的数量。第一级神经网络的输出数为 4。目标输出为正常网络流量和 LDoS 攻击流量，分别赋予二进制期望值 $(m1,m2) = (1,0)$ 和 $(m1,m2) = (0,1)$。第二级神经网络有 4 个输入，对应于第一级神经网络的 2 组输出。第二级神经网络与第一级相结合然后被训练成分类器，两级神经网络的目标相同。

在第一级和第二级中使用具有单个隐藏层的多层感知器神经网络（Multilayer Perceptron Neural Network，MLPNN）来实现所提出的组合神经网络模型。MLPNN 具有易于实现、训练集数量要求小和计算速度快等方面的优势。

在 MLPNN 中，隐藏层的每个神经元 j 在将其输入信号 x_i 乘以各个连接权重 w_{ij} 的强度之后，将带有权重的信号 x_i 相加，并根据 sum 函数[7-8]，计算其输出 y_j：

$$y_j = f(\sum w_{ij} x_i) \tag{7-7}$$

其中，激活函数 f 选择 sigmod 函数。采用反向传播算法训练 MLPNN。在反向传播算法中，输出的期望值和实际值之间的均方误差定义如下：

$$E = \frac{1}{n} \sum_j (y_{dj} - y_j)^2 \tag{7-8}$$

其中，y_{dj} 是神经元 j 的期望输出值，y_j 是该神经元的实际输出值。第一级和第二级神经网络的每个权重 w_{ij} 都通过 Levenberg-Marquardt 算法进行调整，以尽可能快地降低 E[6,9]。训练过程不断循环，直到训练数据集的输出和神经网络的输出之间的误差在期望范围内或达到设置的最大训练次数。

为了训练分类器，分别在 DARPA 1999 数据集和 Test-bed 实验平台获取正常数据集和异常数据集。这些数据集被用作训练数据集和测试数据集。经过训练，形成分类器来检测 LDoS 攻击下的 NWESC。

🔍 7.3　实验与结果分析

7.3.1　实验环境

构建一个 Test-bed 平台来评估检测方法的性能，测试场景的网络拓扑如图 7-4 所示。它由 1 个交换机（CISCO WS-C3750X）、1 个路由器（CISCO 2911）、4 个客户端、1 个攻击者和 1 个 FTP 服务器组成。

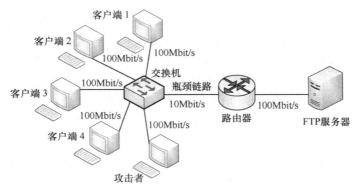

图 7-4　网络拓扑

在 Test-bed 环境中，4 个客户端和 1 个 LDoS 攻击源连接到 1 个 100Mbit/s 的交换机，该交换机以 10Mbit/s 的速率连接路由器。路由器的另一端通过 100Mbit/s 链路连接到 FTP 服务器。FTP 服务基于 TCP，模拟受害端，客户端与 FTP 服务器建立 TCP 连接下载 FTP 资源。测试环境的具体配置见表 7-1。

表 7-1　测试环境的具体配置

序号	IP	状态	操作系统	软件
1	192.168.10.16	客户端	Windows XP	Cut FTP
2	192.168.10.17	客户端	Windows XP	Cut FTP
3	192.168.10.18	客户端	Windows XP	Cut FTP
4	192.168.10.19	客户端	Windows XP	Cut FTP
5	192.168.10.41	攻击者	Red hat 9.0	LDoS attack
FTP 服务器	192.168.20.8	目标	Fedora Core 4	FTP

实验中，攻击者配置的 LDoS 攻击工具，向位于交换机和路由器之间的瓶颈链路发送基于 UDP 的攻击脉冲流。攻击参数设置如下：攻击脉冲长度为 300ms，攻击脉冲速率为 10Mbit/s，攻击周期为 1100ms，选择攻击参数的原因有以下几点：攻击脉冲持续 300 ms 将造成链路丢包产生拥塞信号；为了使用尽可能低的速率确保数据包连续丢失，攻击者应该将其速率保持在瓶颈链路速率 10Mbit/s；利用 TCP 的超时重传机制，将周期设置为 1100ms。

7.3.2　网络流量分析

在瓶颈链路对网络流量进行采样，采样间隔为 500ms，采样周期为 5min。图 7-5 和图 7-6 显示了以服务器为目标端的网络上行流量（服务器向客户端传输的流量）、下行流量（服务器接收客户端的流量）以及双向流量随时间的变化。图 7-5 和图 7-6 分别对应于正常 FTP 传输下的网络流量和 LDoS 攻击下的网络流量。

　　在图 7-5 所示的正常情况下，可以观察到上行流量是稳定的，并且大于以 ACK 报文为主的下行流量，这种行为源于 FTP 服务的固有特性。然而，如图 7-6 所示，LDoS 攻击会迫使网络改变其流量特征。在图 7-6（a）中，上行流量急剧下降，反映网络服务质量降低。此外，LDoS 攻击流也会导致上行、下行和双向流量剧烈波动。如图 7-6（b）所示，当 LDoS 攻击发生时，周期性的 LDoS 攻击流在下行流量中占主导地位，与正常情况相比，平均下行流量更高。

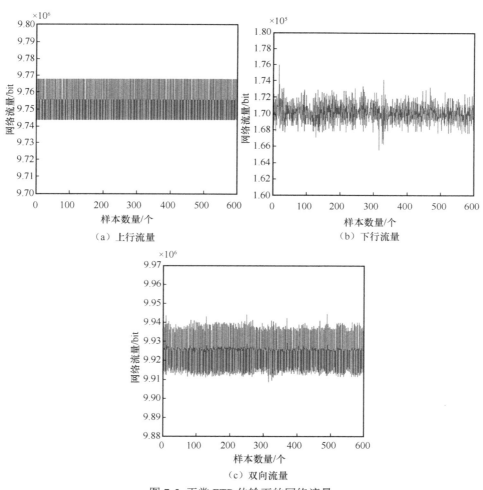

（a）上行流量　　　　　　　　　　　　　（b）下行流量

（c）双向流量

图 7-5　正常 FTP 传输下的网络流量

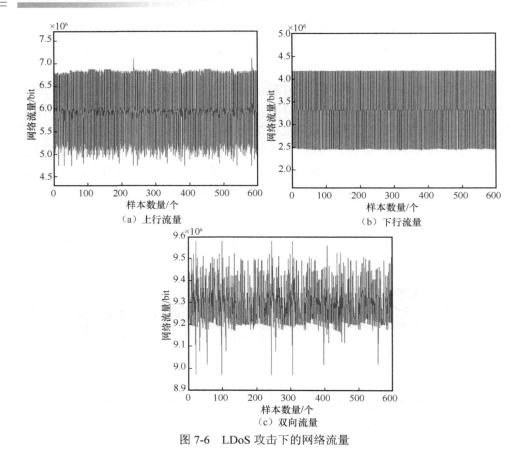

图 7-6　LDoS 攻击下的网络流量

　　上述正常网络流量和 LDoS 攻击下的网络流量之间有显著差异，因此，可以基于网络流量来提取有效的攻击特征，从而设计 LDoS 攻击检测方法。

7.3.3　特征提取

　　将网络流量采样进行处理，提取 NWESC 以识别 LDoS 攻击流量。现有研究表明，具有相同消失矩的母小波，其多重分形能量谱（Hurst 参数）的估计值几乎相同[10]。因此，采用三阶 Daubechies 母小波，它可以在平滑度、波长和消失矩之间取得平衡。

　　网络流量的特征可以基于不同时间尺度上 WESC 的统计，随着小波分解层次的增加，网络流量表现出的特征更显著。但是由于识别算法效率的限制，分解的层次不可能是无限的。现有研究证明，分解 5 次的小波能量谱偏差很小[10]，所以在本章使用 5 个分解级别，足以描述网络流量特征。

　　图 7-7 给出了正常情况下和 LDoS 攻击下的上行流量、下行流量和双向流量

的 NWESC。每个时间尺度中有 10 组 NWESC。如第 7.1 节所述，NWESC 量化了不同时间尺度上的流量多重分形特征。网络流量的长期行为特征可以用高时间尺度来描述，而短期行为可以用低时间尺度来描述。

从图 7-7 中可以看到，在相同场景下的特征样本呈现相似的能量谱状态；然而，来自不同场景的样本具有不同的能量谱状态。这些不同的特征表明，使用 NWESC 对这两类流量进行分类是可行的。对比图 7-7（a）、（b）、（c）可以发现，正常网络流量和 LDoS 攻击流量在双向流量上的特征差异更加显著。

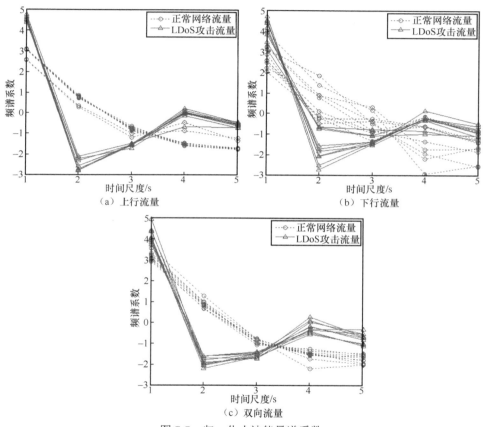

图 7-7　归一化小波能量谱系数

7.3.4　检测性能评估

采用 NWESC 训练集来训练组合神经网络，用测试数据集测试组合神经网络的性能。此外，为了比较不同特征向量对攻击流的识别能力，使用以下 5 种不同的方案。

方案 1：选取 5 个上行流量的 NWESC 特征向量作为组合神经网络的输入特征向量。

方案 2：选取 5 个下行流量的 NWESC 特征向量作为组合神经网络的输入特征向量。

方案 3：选取 5 个双向流量的 NWESC 特征向量作为组合神经网络的输入特征向量。

方案 4：选取 10 个 NWESC 特征向量（5 个上行流量和 5 个下行流量）作为组合神经网络的输入特征向量。

方案 5：选取 15 个 NWESC 特征向量（5 个上行流量、5 个下行流量和 5 个双向流量）作为组合神经网络的输入特征向量。

对于每个方案，训练数据集包含 200 组 NWESC，测试数据集包含 20 组 NWESC。学习率、训练目标和最大迭代次数分别为 0.01、0.001 和 500。对于隐藏神经元数量的确定，首先确定属于第一级神经网络的隐藏神经元的数量，然后将其固定并调整属于第二级神经网络的隐藏神经元。

对于第一级神经网络，隐藏神经元的数量 h 由经验公式 $h = \sqrt{q+t} + a$ 给出，其中 q 是输入层的神经元数量，t 是输出层的神经元数量，$a \in [1,10]$。在训练中，用不同的输入向量来调整 h，然后检查训练目标和网络均方误差的性能。例如，在方案 5 中，第一级神经网络中每个集合的输入向量是 15。在达到训练目标的前提下，对网络的均方误差进行测试。

隐藏神经元的数量与均方误差的关系如图 7-8 所示，当 $h = 20$ 时，第一级神经网络均方误差达到最小值。接下来，固定第一级神经网络隐藏神经元的数量并调整第二级神经网络隐藏神经元的数量。如图 7-8 所示，当 $h = 25$ 时取得最优。对于实验中的其他方案，确定隐藏神经元数量的过程均相同。

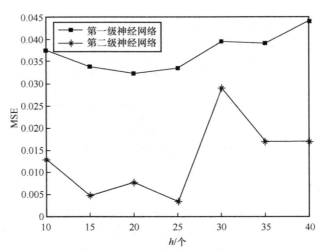

图 7-8　隐藏神经元的数量与均方误差的关系

接下来，给出了实验结果。针对每种方案，分别分析了 10 组正常网络流量样本和 10 组 LDoS 攻击下的流量样本，以测试所提方法的性能。组合神经网络的输出如图 7-9 所示。

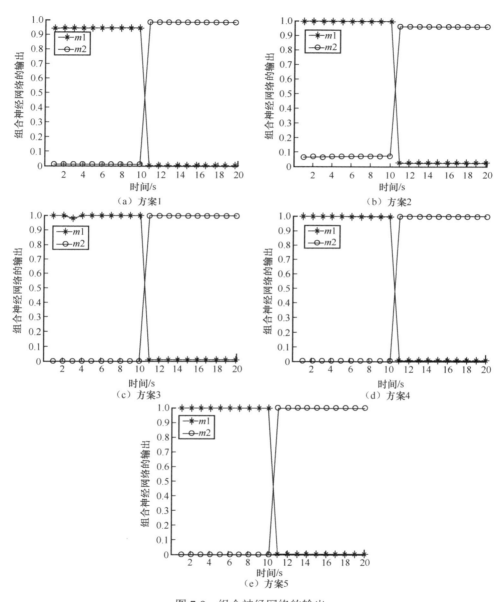

图 7-9　组合神经网络的输出

根据组合神经网络对输出的期望，如果最终的输出更接近（1，0），则是正常的网络流量。否则，如果组合神经网络的最终输出更接近（0，1），则判定发送 LDoS 攻击。检测窗口的大小为 1s。如图 7-9 所示，当 LDoS 攻击在第一个检测窗口（10～11s）启动时，它会立即被检测到。在图 7-9 中，方案 1～方案 5 下的输出结果验证了所提方法能够准确地识别给定的正常网络流量和 LDoS 攻击流量。

接下来进行了大规模的测试，统计所提方法对 LDoS 攻击流量的检测率、漏警率和虚警率，见表 7-2。

表 7-2   检测性能统计

方案	识别结果		
	检测率	漏警率	虚警率
1	95.7%	4.3%	6.7%
2	90.4%	9.6%	8.0%
3	97.1%	2.9%	3.2%
4	98.8%	1.2%	2.7%
5	99.6%	0.4%	1.3%

从表 7-2 中可以观察到，仅使用单向流量的 NWESC 判断 LDoS 攻击是否发生有一定的局限性。方案 1 的检测率、漏警率和虚警率分别为 95.7%、4.3% 和 6.7%，方案 2 的检测率、漏警率和虚警率分别为 90.4%、9.6% 和 8.0%。以上性能指标不优，这是由于单向流量可能出现类似的多重分形特征。例如，网络中一些正常的突发流量可能会导致错误的判断。相比之下，方案 3～方案 5 可以更准确地识别 LDoS 攻击流量。对于方案 3，由于不同双向流量的多重分形特征差异增大，提高了识别性能。对于方案 4，同时使用上行流量和下行流量的 NWESC，识别结果更准确，因为特征向量的数量增加了。而方案 5 则结合了方案 3 和方案 4 的所有特征向量，因此有最佳的识别性能。方案 5 的检测率、漏警率和虚警率分别为 99.6%、0.4% 和 1.3%。

为了进一步证明所提方法的有效性，将该方法与其他现有的 LDoS 攻击识别方法进行了比较。选择两种典型的方法进行比较，第一种是归一化累积幅度谱（NCAS）方法，该方法由 Chen 等[11]提出，测试结果表明检测率 88.0%、漏警率 12.0%、虚警率 16.7%。第二种方法是卡尔曼滤波方法[12]，测试结果表明检测率 89.6%、漏警率 10.4%、虚警率 12.6%。对比结果见表 7-3。

表 7-3   不同识别方法对比

方法	识别性能		
	检测率	漏警率	虚警率
NCAS 方法	88.0%	12.0%	16.7%
卡尔曼滤波方法	89.6%	10.4%	12.6%
所提方法	99.6%	0.4%	1.3%

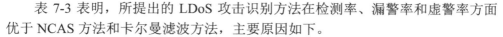

表 7-3 表明,所提出的 LDoS 攻击识别方法在检测率、漏警率和虚警率方面优于 NCAS 方法和卡尔曼滤波方法,主要原因如下。

(1)所提方法从上行流量、下行流量和双向流量中提取多重分形特征。与单向流量相比,获得了更全面的攻击特征。LDoS 攻击的本质是频繁引起网络拥塞控制,而多重分形能够反映这种网络行为。

(2)小波变换和组合神经网络的联合使用进一步提高了检测性能。首先,小波变换能够在不同时间尺度上对网络流量进行全面分析。所以特征分辨率高,攻击特征难以隐藏。这是检测性能良好的一个原因。其次,网络中的正常随机突发(如流媒体点播业务和互联网电话业务等产生的瞬时突发)严重影响了已有检测方法的虚警率。这是因为已有的检测方法主要基于简单的信号处理技术,这些技术通常对检测参数敏感,对于不同的参数,检测性能会大相径庭。因此,很难为不同的网络场景选择统一的检测参数。然而,神经网络算法提供了一种通过学习来调整相关参数的方法,具有更强的鲁棒性。另外,单个神经网络模型难以从数据中准确地提取相关信息,而组合神经网络则可以提高分类精度。因此,所提方法不易受到正常随机突发的影响。

7.4　本章小结

本章基于网络流量的多重分形特性,来识别 LDoS 攻击流量。通过小波分析方法提取攻击特征,并采用组合神经网络建立攻击检测模型。对上行流量、下行流量以及双向流量进行采样,并计算采样数据的小波能量谱系数。然后,将计算结果作为组合神经网络的输入,经过神经网络的训练和判决,能够准确识别网络流量中是否混有 LDoS 攻击流量。实验证明,该方法在检测率、虚警率和漏警率方面都优于现有的识别方法。但是,本方法仅能够识别 LDoS 攻击是否发生,属于 traffic 级别的检测,更细粒度的 flow 级别的检测仍有待探索。

参考文献

[1] LÉVY VÉHEL J, RAMS M. Large deviation multifractal analysis of a class of additive processes with correlated nonstationary increments[J]. IEEE/ACM Transactions on Networking, 2013, 21(4): 1309-1321.

[2] VEITCH D, HOHN N, ABRY P. Multifractality in TCP/IP traffic: the case against[J]. Computer Networks, 2005, 48(3): 293-313.

[3] THOMPSON K, MILLER G J, WILDER R. Wide-area Internet traffic patterns and

characteristics[J]. IEEE Network, 1997, 11(6): 10-23.

[4] KANTELHARDT J W, ZSCHIEGNER S A, KOSCIELNY-BUNDE E, et al. Multifractal detrended fluctuation analysis of nonstationary time series[J]. Physica A: Statistical Mechanics and Its Applications, 2002, 316(1/2/3/4): 87-114.

[5] ABRY P, VEITCH D. Wavelet analysis of long-range-dependent traffic[J]. IEEE Transactions on Information Theory, 1998, 44(1): 2-15.

[6] WOLPERT D H. Stacked generalization[J]. Neural Networks, 1992, 5(2): 241-259.

[7] BASHEER I A, HAJMEER M. Artificial neural networks: fundamentals, computing, design, and application[J]. Journal of Microbiological Methods, 2000, 43(1): 3-31.

[8] CHAUDHURI B B, BHATTACHARYA U. Efficient training and improved performance of multilayer perceptron in pattern classification[J]. Neurocomputing, 2000, 34(1/2/3/4): 11-27.

[9] HANSEN J V, NELSON R D. Data mining of time series using stacked generalizers[J]. Neurocomputing, 2002, 43(1/2/3/4): 173-184.

[10] LI Y L, LIU G Z, LI H L, et al. Wavelet-based analysis of Hurst parameter estimation for self-similar traffic[C]//Proceedings of the 2002 IEEE International Conference on Acoustics, Speech, and Signal Processing. Piscataway: IEEE Press, 2002: II-2061-II-2064.

[11] CHEN Y, HWANG K, KWOK Y K. Collaborative defense against periodic shrew DDoS attacks in frequency domain[EB]. 2005.

[12] 吴志军, 岳猛. 基于卡尔曼滤波的 LDDoS 攻击检测方法[J]. 电子学报, 2008, 36(8): 1590-1594.

第 8 章
基于队列分布的 LDoS 攻击检测

LDoS 攻击的特征是周期性的短突发，攻击者在大部分时间不发送攻击流，只在特定时间向网络中注入高速脉冲。现有的 LDoS 攻击检测方法存在两个较为突出的问题，第一，现有的方法容易受到网络中合法的随机突发事件影响，这些随机突发的流量属于正常流；第二，现有的方法通常仅能判断网络中是否发生 LDoS 攻击，而无法较为细粒度地判断攻击脉冲发生的时机。上述两点不足，说明有待深挖 LDoS 攻击的特征，从多个维度刻画攻击行为，并设计鲁棒性更高的攻击检测模型。本章通过 RED 队列行为分析建立了一个二维队列分布模型来提高特征分辨率。此外，基于所提出的队列分布模型，使用了基于距离的检测方法来识别每个突发 LDoS 攻击流。本章所提出的方法致力于提取单个 LDoS 攻击脉冲的特征，其优势主要在于有效地降低了虚警率。

🔍 8.1 网络反馈控制模型

RED 是一种经典的主动队列管理算法，SRED、ARED 等都属于 RED 的变种。现有研究指出 RED 及其变种容易受到 LDoS 攻击的影响[1-2]。RED 采用早期检测、随机丢弃的思想来调节网络拥塞。RED 通过监测平均队列长度来判断网络拥塞程度，平均队列长度以加权指数移动均值（EWMA）法计算[3]：

$$Q(n) = (1 - \omega) \times Q(n-1) + \omega \times q(n) \tag{8-1}$$

其中，$Q(n)$ 表示当前平均队列长度，$Q(n-1)$ 表示上一时刻平均队列长度，$q(n)$ 表示当前瞬时队列长度，ω 表示权重。

瞬时队列长度反映了某一时刻实际的路由器缓存大小。平均队列长度由当前的瞬时队列长度和上一时刻的平均队列长度共同决定。两者共同作用来调节丢包率、控制拥塞。平均队列长度是一个计算值，只有当新数据包到达时，RED 才会重新计算平均队列长度。在单个 TCP 连接通过 RED 路由器时，如果仅以式（8-1）更新平均队列长度存在如下问题。假设链路发生拥塞，平均队列长度的计算值会很大。如果拥塞后新数据包到达时仍按式（8-1）更新平均队列长度，则平均队列长度的下降速度会非常缓慢，这种情况将导致路由器在短时间内保持高丢包率。此外，因为 TCP 端拥塞控制，没有新的数据包到达，瞬时队列（实际队列）将是空的。而合理的情况下，如果瞬时队列为空，到达路由器缓存队列的数据包应该进入缓存。为了解决上述问题，在出现空队列后，RED 会按照如下的方法更新平均队列长度，即假定有 m 个数据包已到达路由器，可根据式（8-2）使得平均队列长度迅速减小[3]。

$$\begin{cases} m = (\text{time} - q\_\text{time})/t_a \\ Q(n) = (1-\omega)^m \times Q(n-1) \end{cases} \qquad (8\text{-}2)$$

其中，time 表示当前时间，$q\_$time 表示当前队列空闲时间，t_a 表示数据包的标准传输时间。

　　LDoS 攻击的目标是使路由器缓存队列拥塞，从而迫使 TCP 发送端降低其拥塞窗口（cwnd）[1-2]，攻击过程可以用图 8-1 所示的网络反馈控制模型来描述。高速的 LDoS 攻击脉冲迫使平均队列长度快速增加，并导致大量合法的 TCP 数据包被丢弃。此后，RED 向 TCP 发送端反馈拥塞信号，TCP 发送端通过乘性减（MD）机制降低拥塞窗口，从而降低发送速率，甚至在两个攻击脉冲的间歇期进入超时等待状态。在这种情况下，瞬时队列长度迅速降低，甚至变空，导致平均队列长度降低。RED 将逐渐降低丢包率，TCP 发送端将从超时中逐渐恢复以重新传输数据包。TCP 发送端的拥塞窗口将通过慢启动和加性增（AI）机制以填充路由器缓存队列[4]，一旦平均队列长度恢复到正常状态，下一个攻击脉冲到来，再次引发与上述相同的拥塞过程。

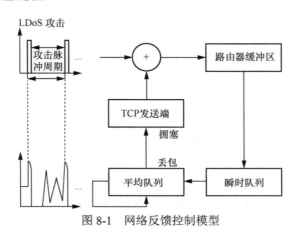

图 8-1　网络反馈控制模型

8.2 基于队列分布模型的 LDoS 攻击检测方法

8.2.1 LDoS 攻击下队列行为分析

在反馈控制模型的基础上，对队列行为进行分析并推导攻击周期。假设单个 TCP 流和 LDoS 攻击流通过链路带宽为 C 的 RED 瓶颈链路，假设 TCP 发送端的窗口大小不受接收端报告的流量控制窗口的限制，路由器缓冲区大小设置为带宽和时延的乘积，一个攻击周期内的 RED 队列行为如图 8-2 所示。

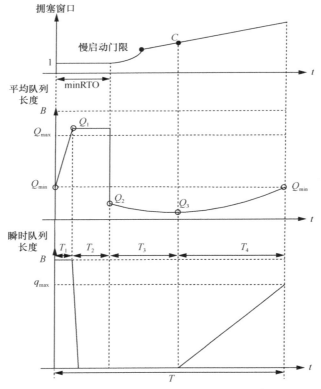

图 8-2 一个攻击周期内的 RED 队列行为

图 8-2 的上方呈现了 TCP 发送端的拥塞窗口随时间的变化，中间部分为平均队列长度随时间变化的曲线，下方是瞬时队列长度随时间变化的曲线。B 表示路由器缓冲区大小，Q_{min} 表示 RED 队列的最小阈值，Q_{max} 表示 RED 队列的最大阈值。将攻击周期 T 分为 4 个子周期 $T_1 \sim T_4$ 分别进行分析。

T_1：T_1 等于攻击脉冲宽度 L。在 T_1 期间，路由器缓冲区迅速被速率为 R、宽

度为 L 的突发攻击脉冲填满，由式（8-1）可知瞬时队列长度等于缓冲区大小 B，平均队列长度将增长到 Q_{max} 甚至更大。同时，当链路被填充时，TCP 连接进入超时等待阶段，在 RTO 计时器溢出之前，TCP 发送端不会发送任何数据包。假设 T_1 期间瞬时队列长度从 Q_{min} 增长到 Q_1，T_1 期间到达队列的攻击包数量可以表示为 $K = L \times R / (8 \times \text{Attack\_pktsize})$，其中 Attack_pktsize 表示攻击包大小。根据式（8-1），T_1 结束时的瞬时队列长度可以表示为：

$$Q_1 = B - (1-w)^k \times (B - Q_{min}) \tag{8-3}$$

T_2：T_2 等于 minRTO-L。在 T_2 期间，没有数据包到达队列，因此平均队列长度不会更新（保持其先前的值），并且因为先前缓冲的数据包被迅速清空，瞬时队列立即变空。瞬时队列保持为空，直到第一个重传的 TCP 数据包到达队列，然后平均队列长度根据式（8-2）下降到 Q_2。Q_2 可以表示为：

$$Q_2 = (1-w)^m \times Q_1 \tag{8-4}$$

其中，$m = (\text{minRTO} - L) / t_a$。

T_3：TCP 发送端进入慢启动，并按指数形式增加 cwnd，直到 cwnd 达到慢启动门限。随后，拥塞避免算法控制新数据包的传输，cwnd 随往返时延（RTT）线性递增。在 T_3 期间，TCP 的发送速率小于瓶颈链路带宽 C，因此不会在路由器缓存队列中缓存数据包，瞬时队列仍然为空。根据式（8-1），可以推导出 T_3 结束时的平均队列长度：

$$Q_3 = (1-w)^u \times Q_2 \tag{8-5}$$

其中，u 表示到达队列数据包的数量。

式（8-5）是基于单个 TCP 流给出的。接下来，将其扩展到具有 N 个相同时延 TCP 流的同步网络，并进一步将其扩展到具有 N 个不同时延 TCP 流的异步网络的通用场景。具有相同时延的 TCP 流具有同步行为（例如，它们会同时进入慢启动状态以增加 cwnd，以相同的方式填充缓冲区）。因此，可以将 N 个相同时延的 TCP 流视为一个具有 N 倍效能的 TCP 流。Fred 等[5]提出了一种将异步 TCP 流转换为等价同步 TCP 流的算法，将异步 TCP 流场景转换为等价的同步 TCP 流场景。假设异步流场景包含 N 个单向时延不同的 TCP 流 $(d_1, d_2, \cdots, d_N)$，定义 d 表示等效均匀时延，N_{dj} 表示第 j 条流的等效流量，n 表示总等效流量。可以通过以下方法推导出等效的 n 个同步流的场景。

$$d = N / \left(\sum_{i=0}^{N} 1/d_i \right) \tag{8-6}$$

$$N_{dj} = d / d_j (j = 1, 2, \cdots, N) \tag{8-7}$$

$$n = \sum_{i=1}^{N} N_{di} \tag{8-8}$$

因此，每个 TCP 流的 cwnd 和慢启动门限的最大值应该分别为（ $C \times 2d + q_{max}$ ）/ n 和（ $C \times 2d + q_{max}$ ）/ $2n$，其中 q_{max} 表示平均队列长度返回到 Q_{min} 时的瞬时队列长度，$2d$ 表示 RTT。

因此，T_3 可以分为两个阶段：第一阶段是 cwnd 从 1 按指数增加到（ $C \times 2d + q_{max}$ ）/ $2n$。这个阶段持续 lb [（ $C \times 2d + q_{max}$ ）/ 2] $\times d$ 秒。第二个阶段是 cwnd 从（ $C \times 2d + q_{max}$ ）/ $2n + 1$ 加性增长到（ $C \times 2d$ ）/ n，这个阶段持续[（ $C \times 2d$ ）/ n － （ $C \times 2d + q_{max}$ ）/ $2n$]秒。

所以，T_3 可以推导为：

$$T_3 = \text{lb} \left(\frac{C \times 2d + q_{max}}{2n} \right) \times d + \left(\frac{C \times 2d}{n} - \frac{C \times 2d + q_{max}}{2n} \right) \times d \tag{8-9}$$

T_4：cwnd 从（ $C \times 2d$ ）/ n 将加性增长到（ $C \times 2d + q_{max}$ ）/ n。一旦 cwnd 超过瓶颈链路带宽，瞬时队列将不断被额外的数据包填充，平均队列长度缓慢返回到 Q_{min}。一旦平均队列长度达到 Q_{min}，下一次攻击就会启动。这一过程并没有数据包丢失，因为平均队列长度小于 Q_{min}。

在 T_4 期间，TCP 遵循 AI 机制。对于第 i 个 TCP 连接，每次收到 ACK 数据包时，其 cwnd 增加 $1/\text{cwnd}_i$。假设 n 个同步 TCP 流的等效 cwnd 大小为 $\sum_{i=1}^{n} \text{cwnd}_i / n$，它等于占用瓶颈链路和路由器缓冲区的数据包数量，可表示为 $\sum_{i=1}^{n} \text{cwnd}_i / n = C \times 2d + q(n-1)$。此外，当第 n 个数据包到达队列时，瞬时队列长度可以表示为：

$$q(n) = q(n-1) + \frac{1}{C \times 2d + q(n-1)} \tag{8-10}$$

将式（8-10）代入式（8-2），对于 n 个同步 TCP 流，平均队列长度可以表示为：

$$Q(n) = (1-w) \times Q(n-1) + w \times \left(q(n-1) + \frac{n}{C \times 2d + q(n-1)} \right) \tag{8-11}$$

此外，T_4 持续[$(C \times 2d + q_{max}) / n - (C \times 2d) / n$]个等效 RTT。因此，$T_4$ 可以表示为：

$$T_4 = \left(\frac{C \times 2d + q_{max}}{n} - \frac{C \times 2d}{n} \right) \times d + \sum_{q=1}^{q_{max}/n} \frac{q \times n}{C} \tag{8-12}$$

其中，$\sum_{q=1}^{q_{max}/n} (q \times n) / C$ 表示由于排队导致的时间。因瞬时队列长度的初始值和平均队列长度的最终值是已知的，变量 q_{max} 可以通过迭代式（8-10）和式（8-11）来求解。如上所述，攻击周期可以表示为：

$$T = \min \mathrm{RTO} + T_3 + T_4 \qquad (8\text{-}13)$$

当有攻击发生的时候，通过设置一个大小等于攻击周期 T 的检测窗口来尽快检测到每个突发的攻击脉冲。

8.2.2 二维队列分布建模

根据上面分析的队列行为，在 LDoS 攻击下，瞬时队列和平均队列不可避免地产生异常特征。为了描述攻击特征，将平均队列长度和瞬时队列长度结合建立二维队列分布模型，如图 8-3 所示。

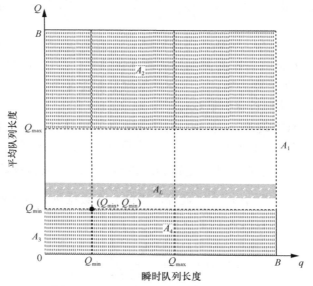

图 8-3　LDoS 攻击下二维队列分布模型

在图 8-3 中，横轴表示瞬时队列长度，纵轴表示平均队列长度。图 8-3 中的区域 A_1、A_2、A_3 和 A_4 表示 LDoS 攻击下的队列分布。这 4 个分布区域分别对应于图 8-2 中的 4 个子周期。如果对 T 期间的瞬时队列长度和平均队列长度进行采样并分布在 A_1 中，会得到具有($q = B$，$Q_{min} < Q < B$)特性的函数图像。类似地，$A_2(0 < q < B$，$Q_{max} < Q < B)$ 对应 T_2，$A_3(q = 0$，$0 < Q < Q_{min})$ 对应 T_3，$A_4(0 < q < B$，$0 < Q < Q_{min})$ 对应 T_4。此外，区域 A_L 是正常情况下的队列分布，其中平均队列长度略大于 Q_{min}，瞬时队列长度围绕平均队列长度波动。特别地，如果出现合法的短突发，瞬时队列长度将显著增加，而通过式（8-1）得知平均队列长度的增量是缓慢的。这些行为反映

了 RED 在控制队列稳定性方面的有效性。

图 8-3 说明正常情况下的队列分布集中在中心点($Q_{\min}$, $Q_{\min}$),特别是在 q 方向。相反,LDoS 攻击导致队列分布点偏离中心点($Q_{\min}$, $Q_{\min}$)。因为这种突发通常是随机的,即使出现合法的突发也不会导致队列分布达到异常范围,而具有良好配置的攻击参数的突发 LDoS 攻击不可避免地会导致路由器缓存队列剧烈波动。

8.2.3　基于距离的自适应阈值检测

根据队列分布的特点,使用基于距离的方法来检测每个突发 LDoS 攻击。d_{AED} 表示样本点和中心点($Q_{\min}$, $Q_{\min}$)之间的平均欧氏距离。这里,d_{AED} 定义为:

$$d_{\text{AED}} = \frac{\sum_{i=1}^{N_p}\sqrt{\left[w\times(q_i - Q_{\min})\right]^2 + \left[(1-w)\times(Q_i - Q_{\min})\right]^2}}{N_p} \tag{8-14}$$

其中,N_p 表示单个检测窗口内的样本点数量。为了及时检测每个突发攻击,可将检测窗口设置为式(8-13)给出的攻击周期,w 是 RED 的权重。式(8-14)中给平均队列分配了更大的权重,这是因为在正常情况下即使出现短突发,RED 也只允许平均队列轻微波动。如此一来,平均队列对 d_{AED} 的贡献更大,因此即使有合法的突发,也不会影响对 LDoS 攻击脉冲的识别。

根据计算出的平均欧氏距离,可以设置一个阈值 d_{th} 来识别 LDoS 攻击。如果 $d_{\text{AED}} > d_{\text{th}}$,则认为是 LDoS 攻击脉冲。否则,不是 LDoS 攻击脉冲。阈值是直接影响检测率、漏警率和虚警率的关键参数。在实际网络中,为各种类型的网络流量单独调整阈值是不现实的,所以通常不使用固定阈值。如果网络流量稳定,但检测器的阈值较高,则虚警率会增加;如果网络流量不稳定,阈值较低,检测器会变得非常灵敏[6]。这里,设计了一种基于 EWMA 的自适应算法来动态调整阈值。EWMA 具有吸收瞬时突发的能力,因此可以减少正常突发对检测性能的影响[7-8]。

定义了一个长度为 βT,步长为 T 的滑动窗口,其中 β 是正整数。$d_{\text{AED}}(i)$ 表示第 i 个滑动窗口 T 中的平均欧氏距离,$d_{\text{th}}(i)$ 表示阈值,使用 EWMA 实现了一个自适应阈值算法:

$$d_{\text{th}}(i) = \mu(i-1) + 3\sigma(i-1) \tag{8-15}$$

其中,$\mu(i-1)$ 表示前一滑动窗口中 AED 的平均值,该值用 EWMA 更新:

$$\mu(i) = (1-w)\times\mu(i-1) + w\times d_{\text{AED}}(i) \tag{8-16}$$

其中,w 表示 RED 的权重,$\sigma(i)$ 表示第 i 个滑动窗口各欧氏距离的标准差。这里,3σ 误差水平可以提供一个高置信区间[9],即使在高精度检测场景中表现也足够好[10]。

最后,可以按照以下规则作出决策:如果 $d_{\text{AED}}(i) < d_{\text{th}}(i)$,则没有攻击突发;如果 $d_{\text{AED}}(i) \geqslant d_{\text{th}}(i)$,则攻击突发存在。此外,$d_{\text{th}}(i)$ 仅在正常情况下更新。如果发现攻击突发,$d_{\text{th}}(i)$ 将不被更新。该规则可以避免形成过高的阈值。

8.3 实验与结果分析

8.3.1 NS-2 仿真实验

首先，通过 NS-2 仿真实验来验证提出的模型，网络拓扑如图 8-4 所示。其中有 15 个 TCP 连接和模拟攻击流量的单个恒定比特率（CBR）连接共享一条 10Mbit/s 容量的 RED 瓶颈链路。每个接入链路的速率为 100Mbit/s，minRTO 设置为默认值 1s[1,11]，RTT 范围为 20～430ms，路由器缓冲区大小由带宽时延积给出。RED 队列的最小和最大阈值分别设置为 50 和 150，RED 队列权重为 0.001，模拟周期为 60s，攻击从 30s 开始。由式（8-13）得知，攻击周期设置为 $T=4.5s$，根据往返时延，攻击长度设置为 $L=0.3s$，根据瓶颈链路的带宽，攻击脉冲速率设置为 $R=10$Mbit/s。

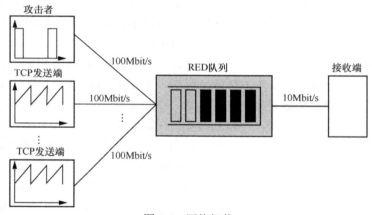

图 8-4 网络拓扑

在 20～30s，通过客户端和服务器之间建立一个新的 TCP 连接来模拟一个的随机合法突发。由于目前的工作主要集中在攻击周期内区分每个突发 LDoS 攻击，主要考虑行为更类似于 LDoS 攻击的合法短突发（长度通常在几十到几百 ms）。这些短脉冲通常会与 LDoS 脉冲混淆[12-13]，例如，Sarat 和 Terzis[12]指出已有的方法（如 HAWK[13]）会将正常的 TCP 流误判为攻击流。相比之下，连续或持续时间更长的突发流量，如闪拥流（Flash Crowd），其行为更类似于 FDoS，目前已经有许多方法来检测这种突发[14-15]。

图 8-5 展示了 LDoS 攻击对 RED 队列的影响，图 8-5（a）描述了队列随时间的变化情况，图 8-5（b）描述了队列在攻击期间变化情况的放大图像。

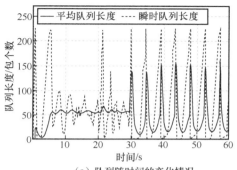
（a）队列随时间的变化情况

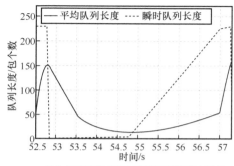
（b）队列在攻击期间变化情况的放大图像

图 8-5　LDoS 攻击对 RED 队列的影响

在图 8-5（a）中，RED 队列在短时间后稳定，但在攻击发起后出现很大的波动。在图 8-5（b）中，可以看到攻击期间（52.5～57s）的队列行为。图 8-5（b）中的实验结果与图 8-2 中的理论模型结果相吻合。这里有一段空闲时间没有记录平均队列长度，这是因为 NS-2 只在数据包到达队列时记录队列长度，由于空闲时间内没有数据包到达队列，因此平均队列长度将保持其先前的值，之后平均队列长度直接下降到 Q_{min} 值以下。

另外，图 8-5（a）中的合法短突发虽导致瞬时队列剧烈波动，但由于 RED 的控制，平均队列波动并不剧烈。此外，一个经过特定攻击参数配置的 LDoS 突发流量则会导致瞬时队列和平均队列剧烈波动。此外，注意到以下 3 种情况的队列分布：第一，选择正常流量的时段（10～14.5s）；第二，选择正常流量与合法突发流量混合的时段（20～24.5s）；第三，选择正常流量与 LDoS 突发流量混合的时段（52.5～57s）。图 8-6 描绘了 3 种情况下的队列分布，可以观察到测试结果与图 8-3 中的理论模型结果相匹配。

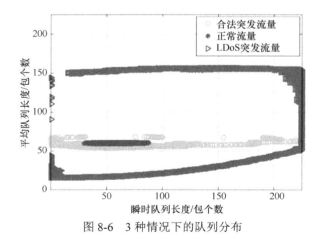

图 8-6　3 种情况下的队列分布

8.3.2 Test-bed 实验

为了证明本方法的有效性，接下来进行 Test-bed 实验来评估所提方法的性能，图 8-7 给出了 Test-bed 拓扑结构。

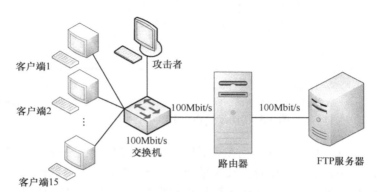

图 8-7 Test-bed 拓扑结构

两个不同的域通过 RED 路由器连接。路由器为双网卡 PC，操作系统为 Linux RedHat 2.6.39。使用 Iproute 和 tc 配置 RED 以及客户端和服务器之间的单向传播时延。实验参数见表 8-1，通过设置这些参数，RED 可以有效地控制队列的稳定性。

表 8-1 实验参数

参数	设置值
缓冲区大小	225/包个数
Q_{min}	50/包个数
Q_{max}	150/包个数
ω	0.001/包个数
RTT	在[20,430]ms 内均匀分布

除了上述设置之外，配置 15 个 TCP 客户端和一个 LDoS 攻击源，通过 100Mbit/s 的交换机，接入路由器。路由器的出口瓶颈链路带宽为 10Mbit/s。使用莱斯大学开发的基于 UDP 的攻击工具发起 LDoS 攻击[1]。根据式（8-13）以及网络往返时延和瓶颈链路带宽，攻击参数设置为 $L = 300$ms，$R = 10$Mbit/s，$T = 4.5$s，检测窗口为 4.5s，自适应阈值算法中的参数 β 为 10。在实验中，进行了 10 组测试，每组测试持续 900s，在每组测试中，让客户端随机与 FTP 服务器建立 TCP 连接，模拟合法的短脉冲突发流。这些流的特性与网络参数有关，如 RTT、队列长度和当前拥塞程度，因此这些合法突发流的行为（如速率和持续时间）是随机的。LDoS 攻击在 150～300s 随机开始，并随机选择 300～600s 的整数作为攻击持

续时间。测试结果见表 8-2。

表 8-2　10 组测试结果

测试组	攻击持续时间/s	攻击突发/个	检测突发/个	漏警次数/次	虚警次数/次
1	320	72	70	2	1
2	535	119	119	0	2
3	511	114	111	3	2
4	334	75	75	0	1
5	306	68	67	1	2
6	502	112	110	2	0
7	429	96	95	1	2
8	304	68	68	0	1
9	549	122	119	3	3
10	487	109	108	1	2
总计	4277	955	942	13	16

在表 8-2 中，第一列是 10 组测试的序列号；第二列是每组攻击的持续时间；第三列显示了攻击突发数量的总和；第四列是准确检测到攻击突发的数量；第五列是漏警次数，即未检测到攻击突发的数量；第六列是虚警次数，即将正常突发判定为攻击突发的数量。LDoS 攻击流总共持续了 4277s，包括 955 个攻击突发。实验结果中准确报告了 942 个攻击突发，13 个攻击突发未检测出，16 个合法突发被误报为攻击突发。因此，检测率为 98.6%、漏警率为 1.4%、虚警率为 1.7%。

将所提出的方法与两种现有的 LDoS 攻击检测方法进行了比较，即经典的归一化累积幅度谱（NCAS）方法[16]和多重分形方法[17]，并在同一个实验环境中实现，不同检测方法比较见表 8-3。

表 8-3　不同检测方法比较

方法	检测精度			复杂度	
	检测率	漏警率	虚警率	空间	时间
NCAS 方法	87.4%	12.6%	17.9%	$O(n)$	$O(n^2)$
多重分形方法	91.2%	8.8%	14.3%	$O(n\mathrm{lb}n)$	$O(n\mathrm{lb}n)$
本章方法	98.6%	1.4%	1.7%	$O(n)$	$O(n)$

测试结果表明，本章所提出的方法相比于其他方法拥有更高的检测率，更低的漏警率以及更低的虚警率，合法短突发是导致前两种方法虚警率高的主要因素。但本章所提出的方法相对来说是稳定的，这是因为提出的检测方法从两个维度提

取了攻击特征，因此在 LDoS 攻击突发和合法突发之间具有更高的区分度。此外，空间和时间复杂度也低于其他两种方法，而且可以检测单个攻击突发，而不是粗略地确定在较长的采样周期内攻击是否发生，实现了实时和精确的检测。

8.4　本章小结

本章建立了一个反馈控制模型来描述 RED 拥塞控制的过程，该模型结合了拥塞窗口和路由器缓存队列行为进行分析。此外，还提出了一个二维队列分布模型来提取攻击特征。之后，将欧氏距离算法与自适应阈值算法相结合来检测每个 LDoS 攻击突发。在 NS-2 仿真平台以及测试平台网络环境下进行实验，测试所提出的检测方法检测性能。测试结果表明，所提出的检测方法在 3 个方面优于其他现有方法：第一，对合法的随机突发具有鲁棒性，因此具有较低的虚警率。第二，算法复杂度低。第三，它可以通过估计适当的检测窗口来及时检测每个 LDoS 攻击突发。

参考文献

[1] KUZMANOVIC A, KNIGHTLY E. Low-rate TCP-targeted denial of service attacks: the shrew vs. the mice and elephants[EB]. 2003.

[2] GUIRGUIS M, BESTAVROS A, MATTA I. Exploiting the transients of adaptation for RoQ attacks on Internet resources[C]//Proceedings of the 12th IEEE International Conference on Network Protocols, 2004. ICNP. Piscataway: IEEE Press, 2004: 184-195.

[3] FLOYD S, JACOBSON V. Random early detection gateways for congestion avoidance[J]. IEEE/ACM Transactions on Networking, 1993, 1(4): 397-413.

[4] ALLMAN M, PAXSON V, BLANTON E. TCP congestion control[EB]. 2009.

[5] BEN FRED S, BONALD T, PROUTIERE A, et al. Statistical bandwidth sharing[J]. ACM SIGCOMM Computer Communication Review, 2001, 31(4): 111-122.

[6] NO G, RA I. Adaptive DDoS detector design using fast entropy computation method[C]// Proceedings of the 2011 Fifth International Conference on Innovative Mobile and Internet Services in Ubiquitous Computing. Piscataway: IEEE Press, 2011: 86-93.

[7] SIRIS V A, PAPAGALOU F. Application of anomaly detection algorithms for detecting SYN flooding attacks[C]//Proceedings of the IEEE Global Telecommunications Conference, 2004. GLOBECOM '04. Piscataway: IEEE Press, 2005: 2050-2054.

[8] TANG D, CHEN K, CHEN X S, et al. Adaptive EWMA method based on abnormal network traffic for LDoS attacks[J]. Mathematical Problems in Engineering, 2014: 496376.

[9] DEVORE J L, FARNUM N R. Applied statistics for engineers and scientists[EB]. 1999.

[10] CHEN Y, HWANG K, KWOK Y K. Filtering of shrew DDoS attacks in frequency

domain[C]//Proceedings of the IEEE Conference on Local Computer Networks 30th Anniversary (LCN'05)l. Piscataway: IEEE Press, 2005: 786-793.

[11] LI H S, ZHU J H, WANG Q X, et al. LAAEM: a method to enhance LDoS attack[J]. IEEE Communications Letters, 2016, 20(4): 708-711.

[12] SARAT S, TERZIS A. On the effect of router buffer sizes on low-rate denial of service attacks[C]//Proceedings of 14th International Conference on Computer Communications and Network. Piscataway: IEEE Press, 2005: 281-286.

[13] KWOK Y K, TRIPATHI R, CHEN Y, et al. HAWK: halting anomalies with weighted choking to rescue well-behaved TCP sessions from shrew DDoS attacks[M]. Heidelberg: Springer, 2005: 423-432.

[14] SUN D G, YANG K, SHI Z X, et al. A distinction method of flooding DDoS and flash crowds based on user traffic behavior[C]//Proceedings of the 2017 IEEE Trustcom/BigDataSE/ICESS. Piscataway: IEEE Press, 2017: 65-72.

[15] YU S, ZHOU W L, JIA W J, et al. Discriminating DDoS attacks from flash crowds using flow correlation coefficient[J]. IEEE Transactions on Parallel and Distributed Systems, 2012, 23(6): 1073-1080.

[16] CHEN Y, HWANG K. Collaborative detection and filtering of shrew DDoS attacks using spectral analysis[J]. Journal of Parallel and Distributed Computing, 2006, 66(9): 1137-1151.

[17] WU Z J, ZHANG L Y, YUE M. Low-rate DoS attacks detection based on network multifractal[J]. IEEE Transactions on Dependable and Secure Computing, 2016, 13(5): 559-567.

第9章
基于梳状滤波器的 LDoS 攻击过滤

LDoS 攻击的低速率特性，使其隐匿于合法流量之中。如何从大规模的流量中精准检测和过滤 LDoS 攻击流量而不影响合法流量具有一定的挑战性。本章提出了一种基于频谱分析的 LDoS 攻击流量过滤方法。首先，对 LDoS 攻击流量和合法 TCP 流量进行分析，揭示 TCP 流量和 LDoS 攻击流量的周期性。然后，将 TCP 流量和 LDoS 攻击流量的时域采样信号变换到频域，用频域搜索法估计往返时延。频域的分析表明，TCP 流量的能量主要分布在特殊的频率点。基于此，设计了一个使用无限脉冲响应滤波器的梳状滤波器来滤除频域中的 LDoS 攻击流量，并尽量保留合法 TCP 流量。

🔍 9.1 流量与频谱分析

9.1.1 TCP 流量特征

TCP 的数据包传输遵循包守恒原则[1]。根据这个原则，接收端接收到一个数据包就会发出一个 ACK 包，而发送端接收到一个 ACK 包后就会允许一个新的数据包发送到网络。窗口内的数据包会以连续突发的方式发送出去，仅受瓶颈链路传输时间的限制。守恒原理导致 TCP 流量呈现明显的周期性。这种周期特性是指如果一个 TCP 数据包在网络中的某一点出现，在一个 RTT 之后，属于同一条 TCP 流量的另一个数据包可能会通过同一点。因此，合法的 TCP 流量在频域上也呈现出一些与 RTT 相关的特征。Chen 和 Hwang[2]通过利用 Abilene-III 互联网数据集中的单条 TCP 流量进行了功率谱估计，证明了 TCP 流量在频域内呈现明显的周期特性，峰值位置与链路 RTT 相关联。

对网络中的数据包数量进行采样，数据包的到达过程可以看作是一个随机过程：$\{x(t) = n \times \Delta t, n \in N\}$，其中 Δt 是一个恒定的采样间隔，选择为 1ms，N 是一个正整数。对于每个 t，$x(t)$是一个随机变量，这个随机过程被称为包过程[2-4]。

　　假设 TCP 流的 RTT 约为 50ms，在 $5s \leqslant t \leqslant 100s$ 内每 1ms 采样一次，这样到达检测路由器的数据包被视为一个信号序列 $x(n)$。使用离散傅里叶变换（DFT）把时域抽样序列 $x(n)$ 转换为频域表示[5]，如式（9-1）所示。

$$\mathrm{DFT}(x(n), k) = \frac{1}{N} \sum_{n=0}^{N} x(n) \mathrm{e}^{-\mathrm{j}2\pi kn/N} \tag{9-1}$$

　　根据采样定理[6]，利用离散傅里叶变换把 $x(n)$ 转换到频域，得到了 TCP 流量的幅度谱，TCP 信号的频带限制在 500Hz 内。TCP 流量采样的频谱特征如图 9-1 所示。

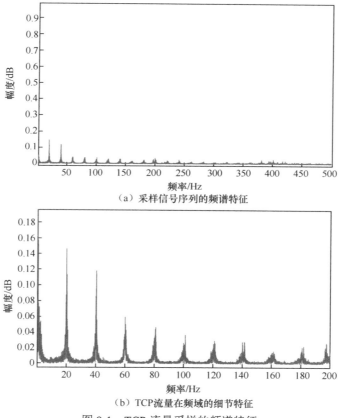

（a）采样信号序列的频谱特征

（b）TCP 流量在频域的细节特征

图 9-1　TCP 流量采样的频谱特征

　　图 9-1（a）为采样信号序列的频谱分布，图 9-1（b）放大了 0～200Hz 的低频带，显示了 TCP 流量在频域的细节特征。图 9-1（a）表明 TCP 流量的能量几乎均匀地分布在整个频带范围内。此外，某些频带的 TCP 能量分布比其他频带多，如图 9-1（b）所示。能量分布的峰值位于与 RTT 相关的不同频率点，这种特性在低频带尤为明显。这是由于 TCP 的拥塞控制机制，TCP 流量的包到达过程呈现周

期性。基于此，如果能够设计一个滤波器，其通带正好覆盖 TCP 流量的频率，则可以保留大部分 TCP 流量。接下来，有必要在频域中精确地估计 RTT。

9.1.2 频域 RTT 估计

RTT 是直接影响互联网服务质量的重要因素。TCP 使用 RTT 来估计网络负载或拥塞。式（9-2）给出了影响 RTT 的因素。其中，T_{trs} 表示路由器的处理时延，T_{fw} 表示端到端的传输时延，T_{prop} 表示传播时延，T_{que} 表示排队时延。

$$RTT = T_{trs} + T_{fw} + T_{prop} + T_{que} \tag{9-2}$$

在网络中，处理时延、传输时延和传播时延与网络负载无关，通常比较固定。因此，RTT 主要受排队时延的影响，即 RTT 的变化主要来源于瓶颈环节[7]。由于排队时延的变化，TCP 流量的 RTT 可能会略有不同。对 RTT 的精准估计，传统的方法主要有主动测量和被动测量[8]。

接下来，采用一种频域搜索法估计 RTT，该方法建立在傅里叶变换提供频域分析的基础上，旨在估计与 RTT 相关的频域中的低频峰值位置，以便于后续的滤波工作。假设 Δf 是频域中对应于 RTT 的第一个峰值位置，即 $\Delta f = 1/RTT$。从典型的网络测量[9] 获得 RTT 的范围是 20～460ms，因此 Δf 变化范围为 2.2～50Hz。因为波峰在 $n\Delta f$ 对应的整数倍出现峰值。因此，在频域中精确估计 Δf 是容易的，然后得到 RTT 的值。

假设 Δf 未知，可能是属于[2.2Hz, 50Hz]的任意频率点，$x(\Delta f)$ 是幅度谱对应的值。设 $\sum x(\Delta f) = x(\Delta f) + x(2\Delta f) + \cdots + x(n\Delta f)$，$(n \leqslant f_s / (2 \times \Delta f_{max}))$ 计算属于[2.2Hz, 50Hz]的每个 $\sum x(\Delta f)$，选择 $\sum x(\Delta f)$ 的最大值。然后通过找出 $\sum x(\Delta f)$ 的最大值对应的频率点得到 Δf。

该方法的理论基础是 TCP 流量的主要能量分布在对应于 RTT 的频带中，可以从选定的最大值中提取。基于频域得到的 RTT 如图 9-2 所示，RTT 约为 50ms，相应的频率点为 20Hz。

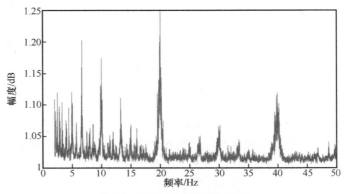

图 9-2　基于频域得到的 RTT

9.1.3　归一化累积幅度谱比较

利用 NS-2 仿真平台建立一个瓶颈链路带宽为 15Mbit/s 的仿真场景，并模拟 LDoS 攻击。设定攻击参数如下，攻击周期为 1000ms，攻击从 400s 开始，500s 结束。攻击脉冲宽度为 50ms，攻击脉冲幅度为 15Mbit/s。对攻击流在时域进行采样，统计每秒攻击包个数，然后利用离散傅里叶变换将采样信号从时域变换到频域。单个 LDoS 攻击流的归一化累积幅度谱（Normalized Cumulative Amplitude Spectrum，NCAS）[2]如图 9-3 所示。

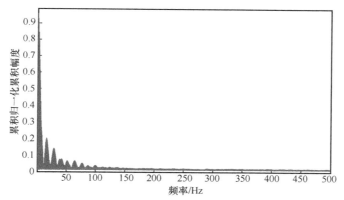

图 9-3　单个 LDoS 攻击流的归一化累积幅度谱

在时域上，LDoS 攻击可以看成一个典型的周期性矩形脉冲序列信号，其幅度谱分布与矩形脉冲序列信号非常相似。所以，LDoS 攻击流的主要能量集中在主瓣。图 9-3 显示 LDoS 攻击流的幅度谱（能量）分布集中在低频带。这种分布与合法的 TCP 流不同，合法 TCP 流的幅度谱在整个频带上均匀分布。为了测量两个幅度谱分布之间的差异，分别计算 LDoS 攻击流量和合法的 TCP 流量的 NCAS[2]。图 9-4（a）给出两种流量的归一化累积幅度谱对比，而图 9-4（b）是低频带放大后的归一化累积幅度谱对比，在 0～88Hz。

如图 9-4（a）所示，合法 TCP 流量的 NCAS 曲线随着频率值的增加几乎呈线性上升，其斜率在整个频带内基本保持不变。然而，LDoS 攻击流量的 NCAS 曲线在低频非常陡峭，在其他频带中斜率变化非常缓慢。也就是说，TCP 流量的能量基本上均匀地分布在整个频域中，LDoS 攻击流量的能量集中在低频带，其中 67%以上位于[0Hz, 50 Hz]的频带范围内[2]。

图 9-4（b）说明了在 0Hz、20Hz、40Hz 和 60Hz 的频率点处存在阶跃斜率，而在其他频率点处斜率相对平滑。换句话说，斜率在阶跃频率点处突然增加。阶跃斜率的数学解释是，分布在阶跃频率点的能量与某一区间内函数的单调性直接相关。因此，可以得出这些频率点的阶跃变化代表能量集中在 0Hz、20Hz、40Hz

和 60Hz 附近。这个结论与前面讨论的合法 TCP 流量的主要能量分布在 n / RTT 的频率点是一致的。除了阶跃频率点，其他频率点的斜率更小且几乎平坦，这种情况表明在非阶跃频率点几乎没有能量分布。在低频带，合法 TCP 流量的能量分布呈现梯形分布的特征尤为明显，与 LDoS 攻击流量特征有很大不同[2]。

根据上述分析，可以设计一个梳状滤波器，用于在混合网络流量中分离合法的 TCP 流量和 LDoS 攻击流量。如果设计的滤波器梳以 n / RTT 的频率点对齐，则大部分合法的 TCP 流量都会通过滤波器，而大部分 LDoS 攻击流量会被过滤掉。这就是基于频谱分析的 LDoS 攻击流量滤波的基本原理，其目标就是过滤 LDoS 攻击流量，同时尽可能保留 TCP 合法流量。

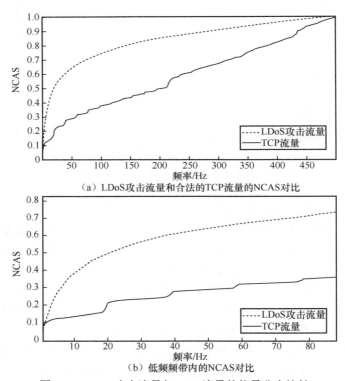

（a）LDoS攻击流量和合法的TCP流量的NCAS对比

（b）低频频带内的NCAS对比

图 9-4　LDoS 攻击流量与 TCP 流量的能量分布比较

🔍 9.2　梳状滤波器设计

9.2.1　梳状滤波器频率响应

梳状滤波器设计是在 LDoS 攻击流量分析的基础上完成的。它是根据正常的

TCP 流量和 LDoS 攻击流量在频域上的频谱分布特点而设计的。频谱分析表明，LDoS 攻击的频谱分布由一系列规则分布的峰值组成，看起来类似于梳子。因此，在设计梳状滤波器时使用了经典的信号处理技术[6]，梳状滤波器有几个等间距的通带，起始频率为 0Hz。考虑 LDoS 攻击的频谱主要集中在低频带，TCP 流量的频谱几乎均匀分布在整个频带，将 1 / RTT 处的频率及其在 1 / RTT 整数倍处对应的频率设计为梳状滤波器的通带，保证了大部分合法 TCP 流量通过。因此，所设计的梳状滤波器具有以下频率响应[6]：

$$H_{\text{comb}}(f) = \sum_{i=0}^{\text{floor}(n/2)} \delta_0(f - i\Delta f), 0 \leqslant f \leqslant f_s / 2 \qquad (9\text{-}3)$$

其中，滤波器的阶数为 n，基频 $\Delta f = f_s / n = 1 / \text{RTT}$，采样频率 f_s 为 1000Hz。梳状滤波器的幅度响应如图 9-5 所示。

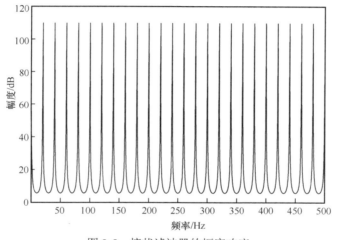

图 9-5　梳状滤波器的幅度响应

图 9-5 说明幅度响应是由一系列重复的脉冲组成，稳定的时候幅度随时间减少。在相应的频率点 1 / RTT 和 1 / RTT 的整数倍处，幅度响应周期性地下降到局部最小值并上升到局部最大值[6]。这种设计的目的是确保绝大多数合法的 TCP 流量能够通过，并尽可能地阻止 LDoS 攻击流量。

9.2.2　过滤顺序决策

通过精确估计 RTT 值确定梳状滤波器的阶数 n，$n = f_s / \Delta f$，所以一旦确定了梳状滤波器的阶数，就要充分考虑滤波效果。LDoS 攻击流量过滤流程如图 9-6 所示。

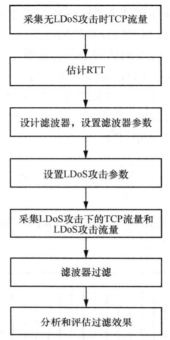

图 9-6   LDoS 攻击流量过滤流程

LDoS 攻击流量过滤的流程如下。

步骤 1　无 LDoS 攻击时，采集 TCP 流量；

步骤 2　用频域搜索法估计 RTT；

步骤 3　对滤波器进行设计，设置滤波器参数；

步骤 4　设置 LDoS 攻击参数；

步骤 5　对 LDoS 攻击流量和 LDoS 攻击下的 TCP 流量进行采集；

步骤 6　用设计好的滤波器进行过滤；

步骤 7　分析和评估过滤效果；

改变 LDoS 攻击参数 T 和 L，重复步骤 4～步骤 7，多次实验，分析和评估过滤效果；改变 RTT，重复步骤 1～步骤 7，多次实验，对比分析和评估过滤效果。

为了使过滤效果更好直至达到最佳，在过滤过程中需要对过滤结果进行分析和评估。

9.2.3　过滤规则

基于合法 TCP 流量和 LDoS 攻击流量在频域上能量分布的差异，可以通过设计梳状滤波器，保证合法 TCP 流量通过，而 LDoS 攻击流量的大部分能量被阻断。

　　在低频带，LDoS 攻击流量的主要能量被过滤掉，绝大多数合法的 TCP 流量通过梳状滤波器。由于合法的 TCP 流量和 LDoS 攻击流量在与 $n\,/\,$RTT 对应的频率点上重叠，极少量的合法 TCP 流量被丢弃。

　　在高频带，合法的 TCP 流量是主要成分，而 LDoS 攻击流量所占比例很小。因此，由于梳状滤波器良好的幅度响应，几乎所有合法的 TCP 流量都得以保留，分布在高频带的 LDoS 攻击流量的所有能量都平滑地通过所设计的梳状滤波器。一般来说，设计的梳状滤波器旨在让尽可能多的合法 TCP 流量通过，并最大限度地阻止 LDoS 攻击流量通过。过滤 LDoS 攻击流量的示意图如图 9-7 所示，显示了使用梳状滤波器过滤 LDoS 攻击流量的原理。

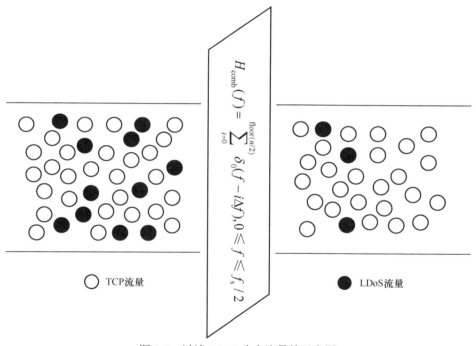

$$H_{comb}(f) = \sum_{i=0}^{floor(n/2)} \delta_0(f - i\Delta f), 0 \leqslant f \leqslant f_s\,/\,2$$

○ TCP流量　　　　　　● LDoS流量

图 9-7　过滤 LDoS 攻击流量的示意图

🔍 9.3　实验结果与分析

　　在 NS-2 仿真平台上，利用设计的梳状滤波器进行 LDoS 攻击流量过滤实验，网络拓扑如图 9-8 所示。实验网络拓扑呈哑铃状，两台路由器 A 和 B 连接所有 TCP 客户端和服务器。

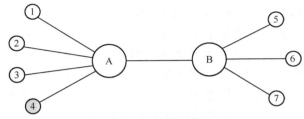

图 9-8　网络拓扑

在图 9-8 中，节点 1、2 和 3 是 TCP 客户端，节点 4 是 LDoS 攻击者，节点 5、6 和 7 是 TCP 服务器。A 和 B 是瓶颈链路两端的两台路由器。客户端和路由器 A 之间的带宽为 100Mbit/s，时延为 2.5ms，路由器 B 和服务器之间的链路配置相同。总共记录了从 TCP 客户端 1、2、3 到服务器 5、6、7 的 9 条链路，并且所有链路的 RTT 值都设置为相同的。

实验中客户端向服务器请求 FTP 资源，从而产生 TCP 连接。LDoS 攻击者使用 UDP 发起 LDoS 攻击。在没有 LDoS 攻击的情况下，TCP 客户端 1、2 和 3 是数据包的发送方，而 TCP 服务器 5、6 和 7 是数据包的接收方。在 LDoS 攻击的情况下，LDoS 攻击者是数据包的发送方，而 TCP 服务器 5、6 和 7 是数据包的接收方。

LDoS 攻击流量是通过 Linux TCP 内核源代码的工具产生的[1]。LDoS 攻击的周期是 1000ms，RTT 是按整条链路计算的。

路由器 A 和 B 之间的瓶颈链路带宽为 15Mbit/s，假设时延为 $a$ms，LDoS 攻击者和路由器 A 之间的带宽为 100Mbit/s，时延为 2.5ms，因此 RTT $= 2.5 \times 4 + 2 \times a$。

9.3.1　RTT 估计值

按照图 9-2 所示的频域搜索法对 RTT 进行估计，在 20Hz（50ms）处存在峰值，这就是 RTT 的估计值。通过频域分析找到频谱的最高峰，频谱最高峰对应的频率点就是 RTT 值（$\Delta f = 1 / RTT$）。

在图 9-8 中，所有链路具有相同的 RTT 值，所有链路对应于频谱最高峰的频率点都是相同的。因此，频谱叠加以形成聚合流。通过在 NS-2 仿真平台调整 a，将 RTT 分别设置为 20ms、40ms、…、200ms。然后，估计整个环节的 RTT 值。估计的 RTT 用 RTTes 表示，它是用频域搜索法得到的。为了获得精确的 a，计算了 RTT 和 RTTes 之间的相对误差，结果见表 9-1。

表 9-1　用频域搜索法估计 RTT 值

RTT/ms	RTTes/ms	相对误差
20	20.3	1.5%
40	40.5	1.25%
60	60.7	1.16%

续表

RTT/ms	RTTes/ms	相对误差
80	81.1	1.38%
100	100.8	0.8%
120	120.7	0.58%
140	140.9	0.64%
160	160.5	0.31%
180	180.7	0.39%
200	200.8	0.4%

表 9-1 说明 RTTes 的值非常接近 RTT 的值，并且它们的相对误差很小。考虑 NS-2 仿真平台的响应处理时间，RTTes 的值通常大于 NS-2 仿真平台中设置的 RTT 值。事实上，如果获得 RTT 的真实值，相对误差会更小。

9.3.2　梳状滤波器过滤效果

在如图 9-8 所示的实验环境中，设置 $a = 19.625\text{ms}$，因此 RTT = 49.25ms。通过频域搜索法获得 RTTes = 50ms，$\Delta f = 20\text{Hz}$。$n = f_s / \Delta f = 50$，其中 f_s 为 1000Hz。设置 LDoS 攻击的参数：$T = 2\text{s}$，$L = 50\text{ms}$。在无 LDoS 攻击下 TCP 流量采样为 100s，在 LDoS 攻击下对 TCP 流量和 LDoS 攻击流量采样也是 100s。TCP 流量和 LDoS 攻击流量在 50Hz 范围内的能量分布如图 9-9 所示。

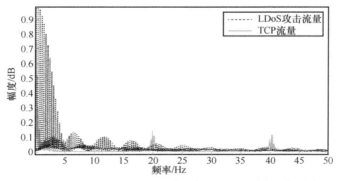

图 9-9　TCP 流量和 LDoS 攻击流量在 50Hz 范围内的能量分布

所设计的梳状滤波器的幅度响应如图 9-10 所示。过滤后，在无 LDoS 攻击情况下，TCP 流量的能量剩余 91.84%，而在 LDoS 攻击情况下，TCP 流量的能量剩余 81.08%，LDoS 攻击流量的能量剩余 22.21%。过滤效果如图 9-11（a）、（b）和图 9-12（a）、（b）所示。它们分别是 LDoS 攻击情况下，TCP 流量和 LDoS 攻击流量滤波前后的频域与时域对比。

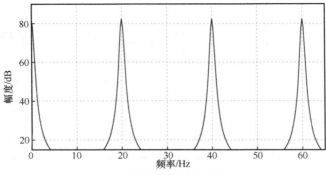

图 9-10　梳状滤波器的幅度响应

　　如图 9-11（a）所示，在 LDoS 攻击情况下，TCP 流量基本上保持了梳状谱的特征，滤波后频谱的形状几乎保持不变。通过图 9-11（b）可以清楚地观察到，大多数 TCP 数据包都能通过设计的梳状滤波器。在图 9-12（a）中，LDoS 攻击流量的大部分能量可以从滤波器中滤除，并在图 9-12（b）时域中直观地显示。

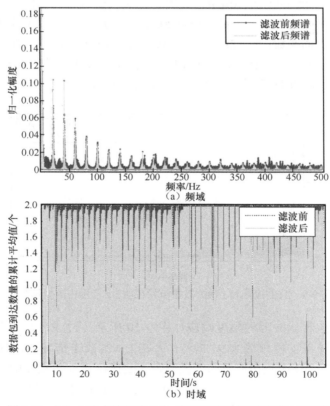

图 9-11　LDoS 攻击情况下 TCP 流量滤波前后频域和时域对比

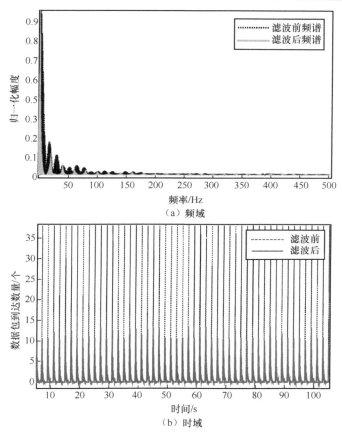

图 9-12　LDoS 攻击流量滤波前后频域和时域对比

为了更好地观察滤波器的性能，在实验过程中采用了不同的攻击周期 T 和脉冲持续时间 L，滤波效果比较分别见表 9-2 和表 9-3。

表 9-2　T 变化时的滤波效果比较

$L = 50\text{ms}$	TCP 流量剩余能量百分比	LDoS 攻击流量剩余能量百分比
$T = 1\text{s}$	77.10%	19.95%
$T = 1.5\text{s}$	80.07%	22.19%
$T = 2\text{s}$	81.08%	22.21%
$T = 2.5\text{s}$	83.22%	22.26%
$T = 3\text{s}$	87.09%	22.45%
$T = 3.5\text{s}$	87.97%	22.84%
没有攻击	91.84%	0

表 9-3　*L* 变化时的滤波效果比较

T = 2s	TCP 流量剩余能量百分比	LDoS 攻击流量剩余能量百分比
L = 50ms	81.08%	22.21%
L = 60ms	77.95%	23.20%
L = 70ms	75.94%	24.18%
L = 80ms	74.84%	26.78%
L = 90ms	74.72%	28.11%
L = 100ms	74.41%	29.22%
没有攻击	91.84%	0

从表 9-2 和表 9-3 可以得出结论，不同的攻击参数下滤波效果有一定差异，即使是相同的梳状滤波器，攻击周期 *T* 设置得越大，过滤后 TCP 流量剩余能量越多，说明过滤效果更好。同时，对 LDoS 攻击流量的剩余能量影响不大。设定的脉冲持续时间 *L* 越长，TCP 流量剩余能量越少，LDoS 攻击流量的剩余能量越多，滤波效果越差。很明显，LDoS 攻击流量以更短的攻击周期 *T* 和更长的脉冲持续时间 *L* 对合法 TCP 流量的影响更大，因此，如果整个链路中 LDoS 攻击流量的比例上升，将导致排队时延的变化，从而影响 RTT 值，导致合法 TCP 流量频谱发生变化。攻击情况下的 TCP 流量频谱分布与无攻击情况下的 TCP 流量不一致，这使得 TCP 流量在攻击情况下的过滤效果变差。当 LDoS 攻击的参数对 TCP 流量影响较小时，过滤效果会更接近无攻击的情况。

9.3.3　改进的滤波器及其过滤效果

梳状滤波器虽然能满足滤波的基本要求，但由于梳状滤波器设计的局限性和 RTT 估计结果的偏差，滤波效果并不十分理想。根据式（9-3），随着 RTT 的增加，梳状滤波器的通带缓慢偏离对应的峰值位置。此外，LDoS 攻击的主要能量集中在低频带，而 TCP 流量的能量分布在整个频带。从以上方面考虑，梳状滤波器可以从以下方面改进：使高频能量全部通过，保证 TCP 流量的过滤效果有很大的改善，对 LDoS 攻击的影响不大。减小梳状滤波器的通带带宽，增大其通带的最大衰减值，这样既保证了 TCP 流量的主要能量仍能通过，又在低频带显著消除了更多的 LDoS 攻击流量的能量。

根据上述分析改进滤波器，并在增加最大衰减值的同时减小梳状滤波器的通带带宽可以让频带在[80，500]Hz 范围内的所有能量通过。改进型梳状滤波器的滤波效果见表 9-4。

表 9-4　改进型梳状滤波器的滤波效果

$L = 50\text{ms}$	TCP 流量剩余能量百分比	LDoS 攻击流量剩余能量百分比
$T = 1\text{s}$	82.77%	18.64%
$T = 1.5\text{s}$	85.85%	21.55%
$T = 2\text{s}$	86.73%	21.79%
$T = 2.5\text{s}$	87.37%	22.23%
$T = 3\text{s}$	92.03%	22.31%
$T = 3.5\text{s}$	92.55%	22.42%
没有攻击	96.94%	0

通过表 9-2 和表 9-4 的比较，LDoS 攻击流量的过滤效果略有提高，而 TCP 流量的过滤效果提高了 5%左右。这意味着过滤后，TCP 流量剩余的能量更多。改进后的滤波器比单个梳状滤波器滤波效果更好，在 LDoS 攻击情况下，TCP 流量与 LDoS 攻击流量的频域对比如图 9-13 所示。

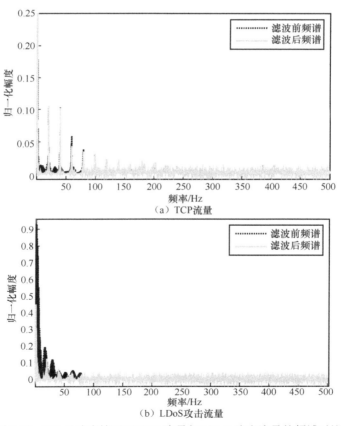

（a）TCP流量

（b）LDoS攻击流量

图 9-13　LDoS 攻击情况下 TCP 流量与 LDoS 攻击流量的频域对比

分别将图 9-13（a）与图 9-11（a）、图 9-13（b）与图 9-12（a）进行比较。结果表明，由于 TCP 流量能量沿整个频带均匀分布，而 LDoS 攻击流量的大部分能量集中在低频带。因此，改进后的滤波器使更多的 TCP 流量通过，而几乎不影响 LDoS 攻击流量的滤波效果。

9.4 本章小结

TCP 拥塞控制机制的特点决定了 TCP 连接对于每个 RTT 都会出现一个流量峰值，从而导致与 RTT 相关联的单个 TCP 流量的周期性变化。对于 LDoS 攻击流量，长周期特征和矩形脉冲特征决定了其频谱能量更多集中在低频带。基于此，在频域设计梳状滤波器，尽可能滤除集中在低频的 LDoS 攻击流量能量，同时保证能量分布在频域呈现周期性的 TCP 流量顺利通过滤波器。仿真实验结果表明，频域滤波具有良好的滤波效果。然而，它们之间不可避免地存在能量分布的频谱重叠，尤其是在零频率附近，这导致很难在混合流量中完全分离 LDoS 攻击流量和 TCP 流量，所以在过滤掉 LDoS 攻击流量的同时，势必会导致一定量的合法 TCP 流量损失，但在可接受的范围以内。

参考文献

[1] JACOBSON V. Congestion avoidance and control[J]. ACM SIGCOMM Computer Communication Review, 1988, 18(4): 314-329.

[2] CHEN Y, HWANG K. Spectral analysis of TCP flows for defense against reduction-of-quality attacks[C]//Proceedings of the 2007 IEEE International Conference on Communications. Piscataway: IEEE Press, 2007: 1203-1210.

[3] CHEN Y, HWANG K, KWOK Y K. Collaborative defense against periodic shrew DDoS attacks in frequency domain[J]. Journal of ACM Transaction on Information and System Security, 2005.

[4] CHEN Y, HWANG K. Collaborative detection and filtering of shrew DDoS attacks using spectral analysis[J]. Journal of Parallel and Distributed Computing, 2006, 66(9): 1137-1151.

[5] 杨毅明. 数字信号处理[M]. 第 2 版. 北京: 机械工业出版社, 2017.

[6] SCHILLING R J, HARRIS S L. Fundamentals of digital signal processing using MATLAB[M]. Southbank, Vic.: Thomson, 2005.

[7] CHENG C M, KUNG H T, TAN K S. Use of spectral analysis in defense against DoS attacks[C]//Proceedings of the Global Telecommunications Conference. Piscataway: IEEE Press, 2003: 2143-2148.

[8]　JIANG H, DOVROLIS C. Passive estimation of TCP round-trip times[J]. ACM SIGCOMM Computer Communication Review, 2002, 32(3): 75-88.

[9]　THOMPSON K, MILLER G J, WILDER R. Wide-area Internet traffic patterns and characteristics[J]. IEEE Network, 1997, 11(6): 10-23.

第10章
基于 SDN 的 LDoS 攻击缓解

在云计算数据中心高速率、低时延的网络场景下，需要处理和分析的数据规模大大增加，这对 LDoS 攻击检测算法的复杂度、资源消耗和实时性提出了挑战。SDN 作为目前云计算数据中心广泛采用的核心网络架构，为攻击检测提供了新的手段。但目前基于 SDN 的方法需要控制器不断轮询每个交换机的统计信息，以维持网络全局视图，因此检测时延显著增加。此外，随着数据平面和控制平面之间控制流规模的增长，用于 LDoS 攻击检测的南向接口的通信开销成为 SDN 应用的瓶颈。为了解决上述问题，本章利用 SDN 数据层与控制层解耦合的特点，分别提取数据平面和控制平面的攻击特征，构建交换机轻量级检测和控制器全局深度检测的协同检测架构。在检测到攻击后，控制器凭借其全局视角，采用重路由方案实现攻击的有效缓解。

🔍 10.1 跨层协同检测总体架构

跨层协同检测方法的目标是节省通信开销、提高实时性，同时兼顾较高的检测率。上述目标通过减少控制器频繁轮询交换机的信息来实现，只在交换机发现异常后再采取进一步动作。利用交换机可用的计算资源在数据层完成轻量级的检测，如发现异常则进一步在控制层做深度检测。每个交换机根据规则监控本地的异常行为，发现异常后，通过南向接口协议 OpenFlow 向控制器上报指定信息。控制器收集全部交换机上报的异常信息，作出全局判断。之后，对指定交换机下发控制信息，交换机按规则执行动作。

跨层检测方法总体架构如图 10-1 所示，首先在数据平面提取流特征和表特征，由流表匹配均值 A、匹配流行度 D、控制流传输能力影响因子 F 和瓶颈链路队列长度变化熵值 E 组成 4 个新特征，交换机对这 4 个特征进行实时检测，这些特征都是轻量级的，不会给交换机造成额外的负载压力。交换机发现异常后将封装好的消息报告给控制器，控制器收到交换机报告的消息之后，利用贝叶斯投票机制建立检测数学模型进行全局深度检测，使得控制器能够准确检测 LDoS 攻击，并可以定位受害的瓶颈链路。

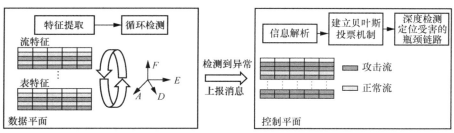

图 10-1　跨层检测方法总体架构

🔍 10.2　数据层轻量级检测

10.2.1　局部检测方案

无论是在传统网络中还是软件定义网络中，进行攻击检测必须要获取网络中流的统计信息或者数据包的解析信息等，传统网络下获取这些信息需要部署额外的采集模块，而 SDN 为数据采集创造了有利条件，OpenFlow 交换机可以直接获取到流量和端口等信息，不需要第三方设备或软件，这是 OpenFlow 协议的原生功能，对网络的数据传输不会产生任何影响。文献[1]指出，目前 OpenFlow 交换机具有一个或多个中央处理器（Central Processing Unit，CPU），这些处理器具有丰富的计算资源和一定的编程能力，使得在数据平面中部署检测方法成为可能。通过对现有研究的分析，目前的检测方法主要分为阈值检测和特征检测两方面，本章提出一种基于表特征和流特征的检测方法，通过构造 4 个新的攻击特征，建立基于阈值的检测机制，这些特征都是轻量级的，计算量小，不会给交换机造成负担，非常适用于前期的轻量级检测。轻量级检测架构如图 10-2所示。

在数据平面部署轻量级的检测方法，交换机对收集到的数据进行提取和分析，作初步的异常判断，此时不与控制器进行信息上报和交互，控制器也不会做出任何检测动作，不必频繁轮询交换机收集到的信息，因此不会给控制器带来较大的负载压力。当有流请求到达交换机时，检测方法首先对表信息和流信息进行周期性的采集，之后，提取特征，计算流表中流表匹配均值、匹配流行度，流信息中控制流传输能力影响因子、瓶颈链路队列长度变化熵值。将计算后的特征进行阈值判断，如果特征值超过一定的阈值，说明网络中出现了异常，可能遭受到了 LDoS 攻击，此时向控制器发送报警信息，控制器做出进一步的动作。如果特征值没有超过阈值，则判断网络是正常的，继续周期性地采集信息。

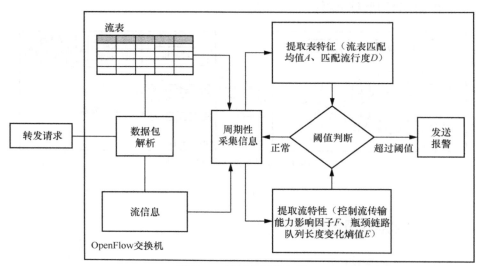

图 10-2　轻量级检测架构

10.2.2　攻击特征提取

为了反映流表的异常特征，定义了两个指标：流表匹配均值 A 和匹配流行度 D，分别表示为：

$$A = \sum_{i=1}^{N} C_i / N \tag{10-1}$$

$$D = \max(C_i) \tag{10-2}$$

其中，C_i 为端口第 i 条流规则的匹配次数，N 为流规则总数。对于首次出现的攻击包，要与交换机中的流规则依次进行匹配，如果交换机中没有相应的流表项与攻击包匹配，交换机便通过上报控制器来安装流规则，所以刚开始第 i 条流规则的匹配次数较高。由于攻击周期略小于流表项的空闲超时，攻击者在第一个周期中发送了大量数据包后成功匹配了流规则，在这些流规则过期之前，攻击者将向交换机发送相同的数据包，此时，由于上一个攻击周期内安装的流规则仍然存在，因此不再匹配新的流规则，所以在攻击场景下，流规则的匹配次数会降低。LDoS 攻击流是周期式的高速脉冲，为了提高攻击效能，使攻击包快速入队，避免控制器带来的时延，一般采用小包攻击，且匹配同一条流规则，因此流表中表现出有一条流的 D 在流表超时周期内很高。

LDoS 攻击在 SDN 场景下表现出了较传统网络下没有的新特性，例如对控制

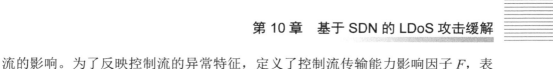

流的影响。为了反映控制流的异常特征，定义了控制流传输能力影响因子 F，表示为：

$$F = \frac{\lambda_l}{\dfrac{a_l}{b_l} + \dfrac{b_l}{b_l - a_l}} \qquad (10\text{-}3)$$

其中，λ_l 指的是链路 l 的时延，b_l 指的是链路 l 的物理带宽，a_l 指的是链路 l 的可用带宽。由于 LDoS 攻击会使控制流的时延增加，链路的可用带宽减少，因此控制流传输能力影响因子 F 在异常情况下会出现升高的特征。

"熵"是一种对事件不确定性的度量，事件的不确定性随着信息量的大小变化而变化，信息量越大，呈现出来的不确定性越大，熵值也越大；事件包含的信息量越小，呈现出来的不确定性越小，熵值也越小。熵值可以作为一种攻击检测指标，计算简单，目前已经被广泛应用。定义瓶颈链路队列长度变化熵值 E，表示为：

$$E = -\sum \frac{L_1 + L_2 - P}{C} \, \mathrm{lb} \, \frac{L_1 + L_2 - P}{C} \qquad (10\text{-}4)$$

其中，L_1 为瓶颈链路一端的缓存队列长度，L_2 为瓶颈链路传输的队列长度，P 为拥塞丢包长度，C 为瓶颈链路带宽。LDoS 攻击的最终目标是瓶颈链路或端系统，攻击者发送大量数据包后占满瓶颈链路，此时源端开始启动 TCP 拥塞控制机制，调整发送窗口的大小来限制发包数量，防止加剧链路拥塞，尽可能恢复链路之前的稳定状态。然而攻击者周期性地发送大量数据包，不断地给链路造成拥塞，多次触发 TCP 拥塞控制机制，最终发送窗口被调整到一个很低的值，从而造成不同程度的丢包，使得网络的吞吐量急剧降低，同时也导致队列长度极不稳定，变化很大。在异常情况下，瓶颈链路队列长度变化熵值 E 会出现升高的趋势。通过以上分析，本章提出的 4 个攻击特征可以很好地区分出正常和异常情况，基于此便形成基于阈值的检测方法。

🔍 10.3　控制层全局深度检测

10.3.1　全局深度检测方案

当数据层完成轻量级检测后，发现异常的交换机向控制器发出一个报告消息，其中包含异常端口的下一跳节点，以及发现异常前该端口的可用带宽。据此，控制器可以获取两个信息：第一，异常交换机所构成的网络拓扑；第二，该网络拓扑中某条路径上最小可用带宽位于何处，即瓶颈位置。如果这些上报异常的交换机具备一定拓扑关系（定义为聚合关系，用聚合指数表示），且最小可用带宽位于路径最末端，则控制器判断发生 LDoS 攻击，并向瓶颈链路节点发送控制器消息，指示该节点采取进一步动作缓解攻击，控制平面全局深度检测架构如图10-3所示。

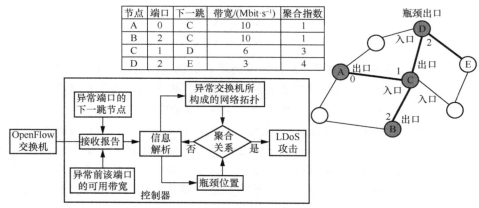

节点	端口	下一跳	带宽/(Mbit·s⁻¹)	聚合指数
A	0	C	10	1
B	2	C	10	1
C	1	D	6	3
D	2	E	3	4

图 10-3　控制平面全局深度检测架构

如图 10-3 所示，右上角为路径聚合示例，所有的节点构成了一个拓扑，在控制器的全局视角下，A、B、C、D 为上报异常的交换机节点，其中 A、B、C、D 的端口 0、2、1、2 均为异常端口，且 D 的端口 2 为瓶颈端口，节点 A 和 B 的下一跳为异常节点 C，此时聚合指数定义为 1，C 的下一跳为异常节点 D，此时聚合指数定义为 3，D 的下一跳为异常节点 E，此时聚合指数定义为 4，这 4 个节点构成了一个异常拓扑，瓶颈链路位于异常拓扑的最末端（聚合指数有最大值），此时满足控制器判定为发生 LDoS 攻击的条件，并向交换机下发控制信息，做出实时缓解。本章用改进的贝叶斯投票机制建立聚合指数数学模型。

10.3.2　基于贝叶斯投票的攻击判决机制

贝叶斯投票机制的算法借鉴了"贝叶斯推断"的思想，贝叶斯推断不同于其他统计学方法，将主观判断作为基础，先估计一个值，然后利用新的实际结果进行修正，直到它无限接近一个正确的值。贝叶斯投票机制核心思想是将某一服务作为投票对象，对这一服务执行投票行为进行测试，然后进行排名，如果结果为"通过测试"，相当于测试者对该服务投了一个赞成票；如果结果为"不通过测试"，相当于测试者对该服务投了一个反对票。贝叶斯投票机制的计算式为：

$$BA(Score) = \frac{q}{q + p_x} \times M + \frac{p_x}{q + p_x} \times S \qquad (10-5)$$

其中，BA(Score) 为投票结果最终的加权得分，p_x 为排名前 x 名的服务的最低投票数，q 为对该服务投票的用户数量，M 表示该服务的用户投票平均得分，S 为所

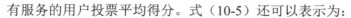

有服务的用户投票平均得分。式（10-5）还可以表示为：

$$\overline{\text{Bayes}} = \frac{S \times P + \sum\limits_{i=1}^{n} n_i}{N + S} \qquad (10\text{-}6)$$

其中，$\overline{\text{Bayes}}$ 为该服务的贝叶斯均值，S 为所有服务的用户平均投票得分，P 是所有投票的算术平均值，n_i 是每张投票的值，N 为该服务获得的票数[2]。

　　本章利用贝叶斯投票机制来建立聚合关系。贝叶斯投票算法将所有测试节点置于相同的置信水平，即恶意节点也会对异常节点投正票。如果存在大量异常节点，就会导致检测率非常低，因此本章引入了权重来改进算法。从控制器的全局角度来看，有 N_1 个正常节点和 N_2 个异常节点。正常节点和异常节点的权重值 W_1 和 W_2 分别为：

$$W_1 = \frac{N_1}{N_1 + N_2}\text{Bw}_1 \qquad (10\text{-}7)$$

$$W_2 = \frac{N_2}{N_1 + N_2}\text{Bw}_2 \qquad (10\text{-}8)$$

其中，Bw_1 和 Bw_2 分别表示交换机向控制器报告的正常端口和异常端口的可用带宽。N_1 和 N_2 分别表示正常节点和异常节点的个数。节点 v_i 的投票总数 $\sum\limits_{j=1}^{N_1+N_2} V_{ji}$ 为：

$$\sum\limits_{j=1}^{N_1+N_2} V_{ji} = W_1 \times \sum\limits_{j=1}^{N_1} V_{ji} + W_2 \times \sum\limits_{j=1}^{N_2} V_{ji} \qquad (10\text{-}9)$$

其中，$W_1 \times \sum\limits_{j=1}^{N_1} V_{ji}$ 为正常节点的投票值，$W_2 \times \sum\limits_{j=1}^{N_2} V_{ji}$ 是异常节点的投票值，V_{ji} 为节点 j 向节点 i 的投票值。节点 v_i 的平均投票值 $\overline{\text{vote}(v_i)}$ 为：

$$\overline{\text{vote}(v_i)} = \frac{\sum\limits_{i=1}^{N_1+N_2} \text{Num}(v_i)}{N_1 + N_2} \qquad (10\text{-}10)$$

其中，$\text{Num}(v_i)$ 表示节点 v_i 的投票数。网络拓扑的总体投票算术平均值 $\overline{\text{vote}\left(\sum_{i=1}^{N_1+N_2} v_i\right)}$ 为：

$$\overline{\text{vote}\left(\sum\nolimits_{i=1}^{N_1+N_2} v_i\right)} = \frac{\sum\limits_{i=1}^{N_1+N_2} \sum\limits_{j=1}^{N_1+N_2} V_{ji}}{N_1 + N_2} \qquad (10\text{-}11)$$

节点 v_i 的贝叶斯均值 Bayes_voting(v_i)为：

$$\text{Bayes\_voting}(v_i)=\frac{\overline{\text{vote}(v_i)}\times\overline{\text{vote}\left(\sum_{i=1}^{N_1+N_2}v_i\right)}+\sum_{j=1}^{N_1+N_2}V_{ji}}{\overline{\text{vote}(v_i)}+\text{Num}(v_i)}$$ （10-12）

以上是贝叶斯均值的计算方法，节点 v_i 的贝叶斯投票算法见算法 1。

算法 1　节点 v_i 的贝叶斯投票算法

输入：节点 v_i 的下一跳节点及其可用带宽

正常节点的信息库 N_i = NULL

异常节点的信息库 A_i = NULL

if time≠0

　　收集所有下一跳节点的信息 R_i

end if

　　for j=1 to　下一跳节点的个数

　　　　if Sw. Bandwidth ϵ N_i

　　　　　　v_{ij} = 1

　　　　else

　　　　　　v_{ij} = −1

　　　　end if

　　end for

end if

for i = 1 to　所有节点的个数

　　计算节点 v_i 的投票值 voting(v_i)

　　if |voting(v_i) − Bayes_voting(v_i)|收敛于参数 σ，

　　max(|voting(v_i) − Bayes_voting(v_i)|)对应于瓶颈位置

　　　　判定发生 LDoS 攻击

　　end if

end for

首先，输入节点 v_i 所有下一跳节点及其可用带宽，正常节点的信息库 N_i 和异常节点的信息库 A_i，然后收集所有下一跳节点的信息 R_i，控制器从全局角度查看节点 i 的行为，将交换机报告的带宽作为指标，如果节点的可用带宽属于正常节点的信息库 N_i，则节点 i 对节点 j 的检测正常，那么节点 i 对节点 j 投正票，v_{ij} = 1；如果节点的可用带宽属于异常节点的信息库 A_i，则节点 i 对节点 j 的检测异常，那么节点 i 对节点 j 投负票，v_{ij} = −1。然后计算节点 v_i 的投票值，令 Diff = |voting(v_i) − Bayes_voting(v_i)|，如果 Diff 收敛到参数 σ 且 max(Diff)（聚合指数最大）对应于瓶

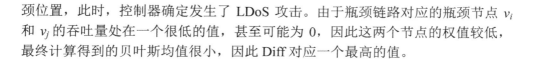

颈位置，此时，控制器确定发生了 LDoS 攻击。由于瓶颈链路对应的瓶颈节点 v_i 和 v_j 的吞吐量处在一个很低的值，甚至可能为 0，因此这两个节点的权值较低，最终计算得到的贝叶斯均值很小，因此 Diff 对应一个最高的值。

10.4　基于重路由的攻击缓解

　　控制器获取到受害的瓶颈位置后，将重新计算瓶颈节点的备份路径，并指示相应的交换机安装流规则，以完成数据流从原始瓶颈链路上的转移。控制器在计算路由后收集异常交换机的流表信息，根据计算出的新路径重新表述转发表中的转发端口，然后将新的转发表条目发送到异常交换机，确保所有数据分组通过备份路径转发出去，并保证后续客户端的正常通信。攻击缓解方法的性能通过瓶颈链路的恢复时间、可用带宽和时延，以及控制流的吞吐量和时延来衡量。

10.4.1　改进的 Dijkstra 算法

　　Dijkstra 算法[3]是由 Edsger Wybe Dijkstra 于 1956 年提出的，该算法的核心思想源于贪心策略，主要用于计算一个节点到剩余所有节点的最短路径。Dijkstra 算法见算法 2。

算法 2　Dijkstra 算法

输入：有向图 $G = (V, E, W)$, $V = \{v_1, v_2, \cdots, v_n\}$, $S = \{v_1\}$, $T = V - S$

输出：节点 $v_i \in V$ 到源节点的最短路径

1. 初始化：$S = \{v_1\}$；

2. for $v_i \in T$，计算 dist $[v_i]$，选取 dist $[v_i]$ 最小的节点 v_k，并将 v_k 加入到集合 S 中；

3. for $v_j \in T$，以 v_k 作为中间节点，计算 dist $[v_j]$。如果 dist $[v_j] >$ dist $[v_k] + w(v_k, v_j)$，则更新 dist $[v_j] =$ dist $[v_k] + w(v_k, v_j)$；否则 dist $[v_j]$ 不变；

4. 重复步骤 2 和步骤 3，直到 $S = V$

　　如算法 2 所示，把网络拓扑用一个有向图 $G = (V, E, W)$ 来表示，V 表示图中所有点 $\{v_1, v_2, \cdots, v_n\}$ 的集合，E 表示图中所有边的集合，W 表示每条边的权重值，设源节点为 v_1，dist $[v_1] = 0$。其中，dist $[\ ]$ 表示节点到源节点的路径长度。首先将 V 中的节点分为两个顶点集合 S 和 T，集合 S 存储已经找到最短路径的节点，集合 T 存储其余节点。在初始状态下，集合 S 中只包含源节点 v_1。然后从集合 T 中筛选出到源节点距离最短的节点 v_k，即 dist $[v_k] = $ min dist $[v_i]$ $(v_i \in T)$，并把 v_k 加入到集合 S。然后用 v_k 作为中间节点计算集合 T 中所有节点到源节点的距离，该距离值是 v_k 到源节点的最短距离与 v_k 到集合 T 中相应节点的距离之和，并将计算得出的距离值与该节点现有路径的长度对比，如新计算得出的距离变短则更新该节点的最短路径；否则不更新。重复地操作此过程，直到集合 T 中的顶点都被筛选出来，添加到集合 S 当中。

现阶段 SDN 主流的控制器，如 Ryu、Pox 等控制器中所采用的路由计算方法为 Dijkstra 算法。SDN 控制器拥有全局视角，通过链路发现协议可以获得网络的基本信息，如网络拓扑、带宽、时延等信息，从而形成一个整体的资源视图。控制器利用 Dijkstra 算法计算出从源节点到目的节点的最短路径，但这条最短路径并不一定是最优路径，SDN 的发展和现实网络环境复杂多变的需求加剧了最优路径的选择难度，在路径选择问题上，不能选择单一的度量参数作为约束条件来作出可靠的路径规划[4]，这样就会导致一些不必要的拥塞和链路使用率降低的问题，同时也不能只考虑链路的可达性，应该把实时变化的网络参数考虑到路径规划的问题中来，然后利用控制器集中管理的特点规划出最合适转发的路径，所以，一方面，要节省路径消耗的代价；另一方面，要实时考虑被选择链路的性能变化情况，度量整个网络中的流量分布，提高路由的可靠性。

显然，传统的 Dijkstra 算法并不能满足这种需求，尤其是网络在遭受攻击的情况下，链路性能变化较大，极其不稳定，所以提高链路利用率就显得特别重要。传统的链路恢复方案计算备份路由并未考虑流量调度、历史故障等因素，如果没有选好合适的备份路径可能会加剧网络拥塞。在进行路由决策时，控制器经常面临以下问题：到达目的地的路径的性能指标可能随时间而变化，因此路由决策系统必须能够感知一些性能指标的变化，如容量、链路利用率和带宽。集中控制器接收网络中节点的相关状态并形成最终的路由决策。为了实施瓶颈节点的缓解策略，需要知道每个目的地的流量大小和节点出口端口的带宽容量。在本章中，实时流量的性能指标将作为决策的部分依据，定义两个参数 m_1 和 m_2，分别表示每个目的地的流量大小和节点出口端口的带宽容量，将这两个参数作为控制器选取最优路径所包含节点的决策指标。改进的 Dijkstra 算法流程如图 10-4 所示。

在图 10-4 中，V 表示网络中所有 N 个节点构成的集合，集合 S 在初始时仅包含一个节点 s，集合 T 表示除 s 之外其他节点构成的集合。本算法首先遍历计算 T 中的每个节点 i 到 s 的距离，并选出具有最短距离的节点 k。然后，判断节点 k 的此刻的流量大小 m_1 和流量出口端口的带宽容量 m_2，令瓶颈链路的流量大小为 n_1，瓶颈链路带宽为 n_2，若满足 $m_1<n_1$ 且 $m_2>n_2$，则将 k 从 T 移动到 S。接下来，本算法遍历 T 中剩余节点 j 到 k 的距离，并根据 $dist[s,j]=min[dist[s,j], dist[s,k]+w(k,j)]$ 更新 s 到 j 的最短距离，其中 $w(k,j)$ 表示 k 到 j 的权重。若不满足 $m_1<n_1$ 且 $m_2>n_2$，则移除 k，并选择剩余节点中具有最小距离的节点。重复上述过程，直到所有节点都从 T 移动到 S 中。最后，所有的最短路径计算完毕。

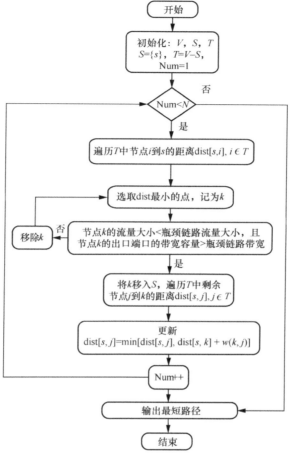

图 10-4　改进的 Dijkstra 算法流程

10.4.2　基于改进 Dijkstra 算法的重路由缓解方法

现有的链路恢复缓解方案一般分为主动式和被动式两种[5]。主动式链路恢复缓解方案是指在发生故障前控制器计算好相应的备份路径并存储在相关交换机节点，当链路检测到有异常并产生拥塞时，就会快速沿着计算好的备份路径对数据分组进行重路由，但是主动式的链路恢复缓解方案会占用交换机的三态内容寻址存储器（TCAM）资源。被动式链路恢复缓解方案是指当检测到链路异常后，控制器计算新的路径并向该交换机节点下发路由命令。本章采用被动式的链路恢复缓解方案，只在链路检测到异常时采取下一步行动，不占用交换机资源。如何提高路由效率，缩短链路异常时间，恢复链路性能是本章的核心。

在 SDN 架构中，Jiang 等[6]扩展了 Dijkstra 算法，在解决单源最短路径问题的同时不仅考虑了边的权值，还考虑了节点权值，提高了路由效率。Li 等[7]使用优化的遗传算法进行路由,对多个 QoS 参数设置了目标函数,提出的算法有效降低了链路的丢包率和时延。Tanha 等[8]使用较为复杂的路由策略,其基于蚁群算法,蚁群中的个体对应于路由策略,该过程包括连续迭代和更新,同时也设置了预算约束,然后不断更新路由策略使其达到最优,该种方法往往需要较多的计算时间,而用户对网络服务需求的时效性越来越强,在有攻击的情况下使控制器用于过多的计算并不现实。

为了提高路由的效率,在不占用控制器过多计算资源的情况下,提高实时缓解的能力,尽可能降低网络拥塞对网络造成的危害,本章采用被动式的链路恢复缓解方案,在控制器检测到攻击并定位受害的瓶颈节点之后,立刻启动改进的 Dijkstra 算法对受害的瓶颈链路进行重路由,完成原瓶颈链路上流的转移,恢复链路性能。基于重路由的攻击缓解方法如图 10-5 所示。假设有如图 10-5 所示的网络拓扑,用户 1 向用户 2 发起连接请求,此时控制器选取的最短路径为 S_1-S_2-S_3-S_6,当攻击者攻击瓶颈链路 S_1-S_2 时,随着攻击时间的增加,瓶颈链路产生拥塞,便无法响应正常用户 2 的请求,这时控制器根据改进的 Dijkstra 算法快速计算新路径,即 S_1-S_4-S_5-S_6,完成流的转移,从而有效缓解 LDoS 攻击。在控制器捕获瓶颈位置后,将重新计算瓶颈节点的备份路径,并指示相应的交换机安装流规则,以完成数据流从原始瓶颈链路上的转移。控制器在计算路由后收集异常交换机的流表信息,根据计算出的新路径重新表述转发表中的转发端口,然后将新的转发表条目发送到异常交换机,确保所有数据分组通过备份路径转发出去,并保证后续客户端的正常通信。

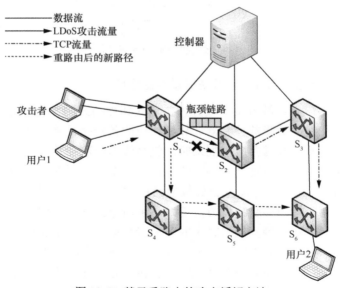

图 10-5 基于重路由的攻击缓解方法

🔍 10.5　实验与结果分析

10.5.1　实验环境配置

实验平台主要采用 Mininet 仿真软件和 Pox 开源控制器搭建而成。Mininet 是由斯坦福大学开发的一个网络仿真工具，已经被大多数研究者所采用。Mininet可以创建一个包含 SDN 组件的虚拟结构，包括控制器、交换机、主机和链路，用户可以自定义网络拓扑，自行设定链路带宽、时延等参数。创建好网络拓扑之后，Mininet 支持写入命令行来查看拓扑信息，可以测试主机之间的连通性和带宽、各节点和链路信息以及各网络接口的相关参数等。Pox 开源控制器采用 Python 语言编写，上手较容易，有一套完整的可编程接口，完美支持 OpenFlow 协议。实验所用的硬件基于 Intel Xeon CPU E3-1225 的处理器和 16GB RAM 的物理主机。网络拓扑如图 10-6 所示。

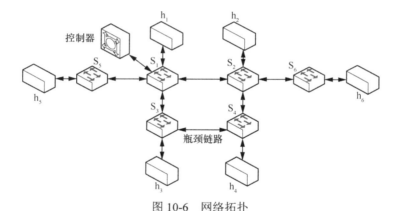

图 10-6　网络拓扑

网络拓扑包含 6 个 Open vSwitch 交换机和 6 个主机。在实验中，h_1 是攻击者，h_2、h_3、h_4、h_5 和 h_6 都是合法用户，h_1 向 h_4 发送攻击流量，h_2 向 h_3 发送正常流量，h_5 向 h_6 发送背景流量，S_3 和 S_4 之间为瓶颈链路，瓶颈链路带宽为 15Mbit/s，时延为 10ms。其他链路的带宽为 100Mbit/s，链路时延为 1ms。实验中 LDoS 攻击的 3 个参数 $<R, T, L>$ 分别设置为 <15Mbit/s, 1.2s, 400ms>。此外，将流表的容量设置为 1500 条。

背景流量和正常流量由分布式互联网流量生成器（Distributed Internet Traffic Generator，D-ITG）[9] 工具生成，D-ITG 能够产生数据包级别的流量，同时也可以测量吞吐量、时延、抖动、丢包情况等，支持 TCP、UDP、ICMP 等协议，其核心功能由 ITGSend 和 ITGRecv 组成，ITGSend 是发送端，可以向多个 ITGRecv 接收端发送多个并行流量，通过 ITG 还可以指定协议类型、数据包大小和发包速

率。实验中正常流量均为 TCP 流量，利用 Socket 发起 LDoS 攻击。

10.5.2　轻量级检测性能分析

为了验证数据平面的轻量级检测效果，下面依次对流表匹配均值、匹配流行度、控制流传输能力影响因子和瓶颈链路队列长度变化熵值这 4 个特征进行提取和分析，通过这 4 个特征可以看出攻击流量对网络产生的影响。在实验中，本章收集了30 组在正常场景和 LDoS 攻击场景下流表匹配均值 A 的变化情况，如图 10-7 所示。

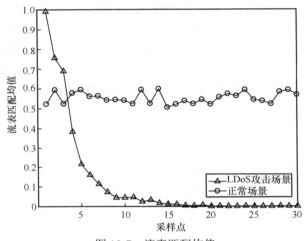

图 10-7　流表匹配均值

采样点代表不同的流规则。由图 10-7 可以看出，LDoS 攻击场景下流表匹配均值出现了降低的特征。对于首次出现的攻击包，要与交换机中的流规则依次进行匹配，所以刚开始第 i 条流规则的匹配次数较高。攻击周期设置为一个略小于流表空闲超时时的值，攻击者在第一个周期中发送了大量数据包后成功匹配了流规则，在这些流规则过期之前，攻击者将向交换机发送相同的数据包，此时，在上一个攻击周期内安装的流规则仍然存在，因此不再匹配新的流规则，所以第 i 条流规则的匹配次数会出现降低的特征。在正常场景下，用户的访问需求具有极大的随机性，数据包不同，将匹配不同的流规则，因此，某条流规则的匹配次数出现在一个较高的值。

30 组在正常场景和 LDoS 攻击场景下匹配流行度 D 的变化情况如图 10-8 所示。从图 10-8 可以看出，LDoS 攻击场景中某条流规则的匹配流行度 D 出现在一个较高的值。匹配流行度为某条流规则匹配次数的最大值。LDoS 攻击流量是周期式的高速脉冲，为提高攻击效能，使攻击包快速入队，避免控制器带来的时延，采用小包攻击，且匹配同一条流规则，因此，流表中出现有一条流的 D 在流表空

闲超时时间内很高。在正常场景下，要求将合法用户的数据包随机匹配不同的流
规则，因此某条流的匹配流行度出现在一个较低的值。

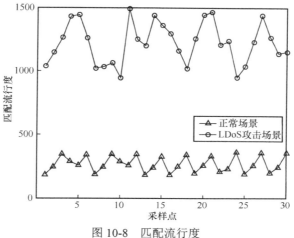

图 10-8　匹配流行度

　　50 组在正常场景和 LDoS 攻击场景下控制流传输能力影响因子 F 的变化情况
如图 10-9 所示。带内控制的 SDN[10-12]中，控制流和数据流共享一条链路进行交互，
交换机会存储相应的流表项来对控制流进行转发，由于 LDoS 攻击影响交换机的
性能，从而影响受害的交换机与控制器之间的交互，隐式地干扰控制流的转发，增
加控制流的时延并减少链路的可用带宽。由图 10-9 可以看到，LDoS 攻击场景中控制
流的传输能力影响因子 F 保持在一个较高的值（15～25）。在正常场景下，合法用户
发送请求以匹配流规则，控制器发送命令以指示交换机采取行动，存在合法的时延
和带宽占用，控制流传输能力影响因子 F 的值保持在一个较低的值。

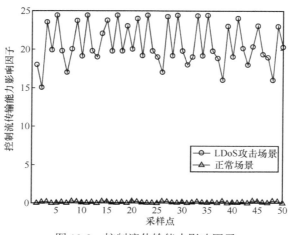

图 10-9　控制流传输能力影响因子

50 组在正常场景和 LDoS 攻击场景下瓶颈链路队列长度变化熵值的变化情况如图 10-10 所示。由图 10-10 可以看出，在 LDoS 攻击场景下，瓶颈链路队列长度变化熵值 E 保持在一个较高的值。由于 LDoS 攻击周期性地发送攻击流，使得正常 TCP 流量的丢包数量急剧增大，引发网络拥塞，从而不断触发 TCP 拥塞控制机制，使发送端的拥塞控制窗口处于一个很低的值，链路将处于拥塞–丢包–恢复–拥塞的循环中，这使得队列长度极不稳定，变化很大，在异常情况下，熵值 E 会增加。在正常场景下，链路的丢包率在合理范围内，因此熵值 E 表现出一个较低的值。

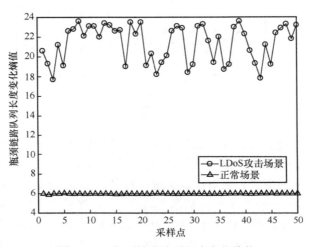

图 10-10　瓶颈链路队列长度变化熵值

通过以上的分析，这 4 个特征可以很好地区分出正常情况和异常情况，并且这 4 个特征是轻量级的，不会对数据平面造成负担。

10.5.3　全局深度检测性能分析

当数据平面检测出异常之后，交换机便向控制器发送信息，控制器进行下一步的全局深度检测。为了验证控制器全局深度检测方法的检测性能，在一次实验中，收集了 30 组 Diff 的值，其变化情况如图 10-11 所示。

由图 10-11 可以看出，检测初期，Diff 的值在 0.32～9.66 波动，后期变化到 31.84 左右，此时控制器检测出了 LDoS 攻击。为了验证此阈值的正确性，重复了 20 次实验，每次都使用相同的实验条件，包括攻击参数等。在 20 次实验中检测到 LDoS 攻击之后 Diff 值的变化情况如图 10-12 所示。由图 10-12 可以看出，在多次的实验下，控制器检测到 LDoS 攻击时的阈值稳定在 31 左右，因此将检测到 LDoS 攻击的阈值设置为 31。

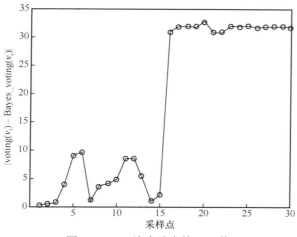

图 10-11　一次实验中的 Diff 值

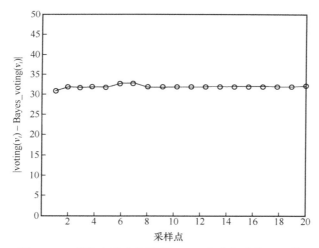

图 10-12　多次实验中检测到 LDoS 攻击之后的 Diff 值

本章对基于贝叶斯投票机制的全局深度检测方法的性能指标进行验证，分别对检测率（P_D）、虚警率（P_{FP}）、漏警率（P_{FN}）和检测时间进行了收集和分析，并将这些指标与其他方法进行了比较，见表 10-1。

表 10-1　检测方法比较

检测方法	P_D	P_{FN}	P_{FP}	检测时间/s
XGBoost	98.8%	1.8%	2.3%	2.8
AdaBoost	97.9%	2.1%	1.9%	3.3
HGB-FP[13]	96.2%	3.0%	4.0%	2.7

续表

检测方法	P_D	P_{FN}	P_{FP}	检测时间/s
BA-ANN[14]	98.7%	1.4%	3.5%	1.6
SoftGuard[15]	96.0%	5.1%	2.2%	3.2
本章的方法	99.1%	1.0%	1.4%	1.3

本章的方法与其他检测方法在同一实验平台的比较如下。

XGBoost 和 AdaBoost 是常用的将多个弱学习器提升为一个强学习器的机器学习算法,有较高的检测率,但检测时间较长。HGB-FP[13]算法由于输入大量的特征值,算法复杂度更高,检测时间长,虚警率也较高。BA-ANN[14]算法是通过 ANN 模型来选择所要训练的特征,并通过 Bat 迭代算法构造检测模型,时间复杂度较小,但存在较高的虚警率。SoftGuard[15]算法利用快速傅里叶变换对流进行分析,时频域转换增加了一定的检测时延。与其他方法相比,本章提出的基于贝叶斯投票机制的检测方法具有更高的检测率、更低的虚警率和漏警率,同时也具有较好的实时性,检测时间较短,控制器进行全局深度检测时,不再与交换机进行频繁的交互,这大大缩短了通信时延,从而保持了相对较低的检测时间,该方法非常适合于跨平面检测。此外,还分析了控制平面在执行全局深度检测方法的情况下对控制器 CPU 的影响,控制器的 CPU 利用率如图 10-13 所示。

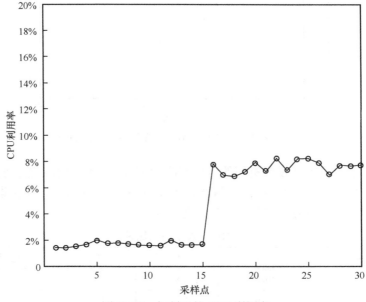

图 10-13　控制器的 CPU 利用率

由图 10-13 可以看出,控制器的 CPU 利用率保持在相对较低的值(低于 10%)。实验中,因为在数据平面执行轻量级的检测方法时,只占用交换机的计算资源,控制器没有较大的负载压力。当交换机检测到异常之后才会上报给控制器,控制器根据收到的信息进行分析计算,执行全局深度检测,计算量较小,同时检测的实时性较高,因此占用控制器 CPU 的时间短,所以 CPU 利用率保持在一个较低的值。平均 CPU 利用率比较见表 10-2。

表 10-2　平均 CPU 利用率比较

方法	平均 CPU 利用率
SAIA[16]	8.5%
FloodDefender[17]	11.0%
BWManager[18]	20.0%
DAISY[19]	10.1%
本章的方法	3.5%

从表 10-2 可以看出,本章的方法可以使控制器平均 CPU 利用率保持在一个较低的值。因为本章提出的跨层检测方法首先在数据平面中实现了特征提取和计算,进行了初步的检测,这些特征都是轻量级的,不会给交换机带来负担,此时控制器不会有任何检测动作,因此控制器的负载压力较小,当交换机检测到异常时,控制器根据交换机上报的信息启动基于贝叶斯投票机制的检测算法,算法易于实施,检测实时性较强,不会长时间占用控制器的 CPU。DAISY[19]是基于阈值检测的检测方法,通过设置多个阈值来阻塞恶意流量,该方法在初始阶段 CPU 利用率较低,当检测到攻击时,阻塞恶意流量的时间就会被延长,阻塞次数较多,因此占用控制器 CPU 的时间就长。BWManager[18]和 FloodDefender[17]的检测都部署在控制器中,采用神经网络的方法对恶意流量和正常流量进行分类,计算量较大,算法复杂度高,所以对控制器 CPU 的利用率也较高。SAIA[16]攻击检测和防御系统占用的 CPU 资源呈线性增长,因此控制器 CPU 利用率也保持在一个较高的值。

10.5.4　攻击缓解性能分析

控制器检测到 LDoS 攻击之后定位受害的瓶颈链路,然后启动缓解方法,部署基于改进的 Dijkstra 算法对瓶颈节点进行重路由。链路恢复时间包括计算路由的时间、将转发规则安装到备份路径上的交换机的时间以及将流量迁移到备份路径的时间。瓶颈链路恢复时间如图 10-14 所示。

采集了 20 次实验下的恢复时间,由图 10-14 可以看出,瓶颈链路的恢复时间保持在 40ms 左右，因为控制器不需要与交换机交互，而是主动向交换机安装新的流规则。缓解方法可以确保 SDN 瓶颈链路在遭到攻击后能够尽快恢复链路性能，不对后续用户的需求产生影响。

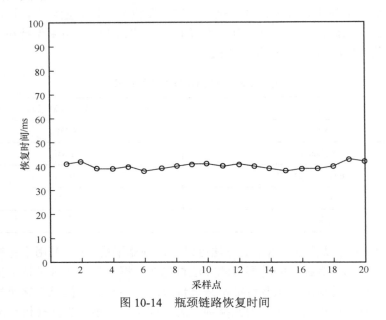

图 10-14　瓶颈链路恢复时间

瓶颈链路恢复前后的可用带宽和时延分别如图 10-15 和图 10-16 所示。

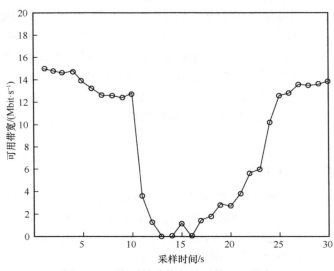

图 10-15　瓶颈链路恢复前后的可用带宽

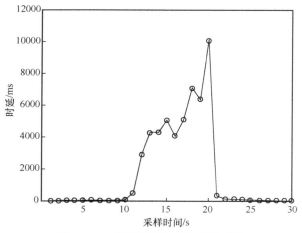

图 10-16　瓶颈链路恢复前后的时延

实验中，1～10s 的数据是发送正常流量后采集的数据，由图 10-15 和图 10-16 可以看出，瓶颈链路的可用带宽和时延在正常变化的范围内，正常情况下瓶颈链路的可用带宽均值约为 13Mbit/s，时延均值约为 15ms。10～20s 的数据是发送 LDoS 攻击流量后采集的数据，LDoS 攻击下瓶颈链路的可用带宽均值约为 1.5Mbit/s，时延最大值可以达到约 10000ms，这表明 LDoS 攻击会导致通过瓶颈链路的正常 TCP 连接受到影响。20～30s 的数据是启动缓解方法后采集的数据，瓶颈链路的可用带宽均值约为 11Mbit/s，时延均值约为 22ms，以上结果表明，本章的方法有助于降低网络的拥塞，从而提高瓶颈链路的可用带宽，减少链路的传输时延。

为了进一步验证本章的方法的性能，缓解方法性能比较见表 10-3。

表 10-3　缓解方法性能比较

方法	恢复时间/s	可用带宽（恢复百分比）	时延/ms
Extended Dijkstra[6]	43	75.6%	37
NSGAII[7]	58	76.1%	30
文献[8]	72	82.3%	28
本章的方法	40	84.6%	22

Extended Dijkstra[6]方法对原始 Dijkstra 算法进行了扩展，同时考虑了节点与边的权值，在网络变化的过程中，一些节点可能不适合作为最佳路径的某一跳节点，算法计算量较低，因此针对瓶颈链路的恢复时间较短，但是可用带宽和时延恢复比例较低。NSGAII[7]方法通过监控获得链路上的 QoS 参数，然后结合新数据流的带宽需求建立多目标函数优化模型找到最优路径，从而缓解网络拥塞，但由于多目标之间存在相互制约的关系，使得算法结构较为复杂，恢复时间较长，优

化过程中各个目标的优化程度进展不可操作，可用带宽（恢复百分比）较低，并且仍存在 30ms 的时延。文献[8]部署了基于蚁群算法的路由算法，该算法包括连续迭代和更新，需要较多的计算时间，因此针对瓶颈链路上的恢复时间略长，可用带宽和时延恢复效果较好。由于 LDoS 攻击会降低某节点的吞吐量，因此本章将每个目的地的流量大小和节点出口端口的带宽容量作为路径选取的决策指标，控制器检测到攻击之后立刻根据交换机报告的信息对瓶颈节点进行重路由，在不过多占用控制器 CPU 的情况下保证了缓解方法的实时性和高效性，恢复时间约为 40ms，链路可用带宽和时延可以恢复到一个较高的比例。

由于 LDoS 攻击会干扰控制流的传递，在实验中，本章验证了缓解方法对控制流的恢复效果，图 10-17 和图 10-18 分别为实施 LDoS 攻击和启动缓解方法后的控制流的吞吐量和时延变化情况与正常场景的对比。

如图 10-17 所示，为了测试控制流的吞吐量，在实验中，配置控制器每秒向交换机 S_1 生成 2000 个控制分组，正常场景下，吞吐量可以达到每秒 2000 个数据包。第 15s 之前的数据是发送 LDoS 攻击流量后采集的数据，15s 之后的数据是启动缓解方法后的采集数据。有攻击的情况下，吞吐量几乎降为 0，因为攻击触发控制流的 TCP 周期性地进入超时重传阶段，在超时重传阶段内不会发送任何数据包。控制器检测到攻击之后便启动缓解方法，降低了网络的拥塞程度，可以看出在 20s 之后，控制流的吞吐量逐渐恢复到一个较高的值。

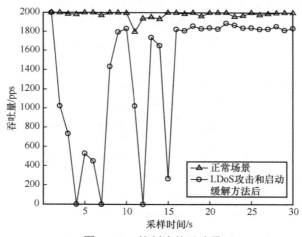

图 10-17 控制流的吞吐量

如图 10-18 所示，正常场景下控制流的时延均值为 3.21ms，在 LDoS 攻击下控制流的时延均值比正常场景下高出约 300 倍，正常场景下的大多数时延都小于 8ms，LDoS 攻击下的时延在 8~1800ms 的大范围内波动。15s 之后的数据为启动缓解方法后采集的数据，控制流的时延均值降为 30ms 左右，以上结果表明，本章的缓解方法有助于降低网络的拥塞，从而提高控制流的吞吐量，减少控制流的传输时延。

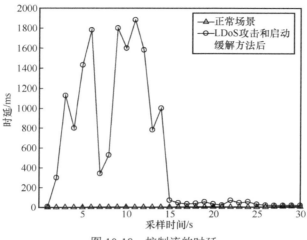

图 10-18　控制流的时延

🔍10.6　本章小结

本章介绍了基于流特征和表特征的 LDoS 攻击检测方法以及基于重路由的 LDoS 攻击缓解方法，提出了跨层协同检测的总体方案，由部署在数据平面的轻量级检测方法和部署在控制平面的全局深度检测方法组成，数据平面和控制平面共同协作，避免了控制器频繁轮询交换机的问题。针对数据平面的轻量级检测，利用提出的 4 个新特征——流表匹配均值、匹配流行度、控制流传输能力影响因子和瓶颈链路队列长度变化熵值，使交换机进行实时检测，形成一种基于阈值的检测方法。实验结果表明，所提出的方案降低了检测时延，提高了检测速度，节省了控制器与交换机交互的通信开销。针对控制平面的全局深度检测，利用优化的贝叶斯投票机制建立检测模型，实验结果表明检测方法实时性较高，没有长时间消耗控制器资源，不会给控制器造成较大的负载压力，同时具有较高检测准确率。

参考文献

[1]　MAO J B, HAN B, SUN Z G, et al. Efficient mismatched packet buffer management with packet order-preserving for OpenFlow networks[J]. Computer Networks, 2016(110): 91-103.

[2] 张朝辉. 基于数据聚合的传输优化与恶意节点检测问题的研究[D]. 西安: 西安电子科技大学, 2013.

[3] ZHAO J J, PANG L, LI H, et al. A safety-enhanced Dijkstra routing algorithm via SDN framework[C]//Proceedings of the 2020 IEEE Fifth International Conference on Data Science in Cyberspace (DSC). Piscataway: IEEE Press, 2020: 388-393.

[4] KUMAR V, JANGIR S, PATANVARIYA D G. Traffic load balancing in SDN using round-robin and Dijkstra based methodology[C]//Proceedings of the 2022 International Conference for Advancement in Technology (ICONAT). Piscataway: IEEE Press, 2022: 1-4.

[5] 李传煌, 陈泱婷, 唐晶晶, 等. QL-STCT: 一种 SDN 链路故障智能路由收敛方法[J]. 通信学报, 2022, 43(2): 131-142.

[6] JIANG J R, HUANG H W, LIAO J H, et al. Extending Dijkstra's shortest path algorithm for software defined networking[C]//Proceedings of the 16th Asia-Pacific Network Operations and Management Symposium. Piscataway: IEEE Press, 2014: 1-4.

[7] LI D Q, WANG X, JIN Y N, et al. Research on QoS routing method based on NSGAII in SDN[J]. Journal of Physics: Conference Series, 2020, 1656(1): 012027.

[8] TANHA M, SAJJADI D, RUBY R, et al. Traffic engineering enhancement by progressive migration to SDN[J]. IEEE Communications Letters, 2018, 22(3): 438-441.

[9] BOTTA A, DAINOTTI A, PESCAPÉ A. A tool for the generation of realistic network workload for emerging networking scenarios[J]. Computer Networks, 2012, 56(15): 3531-3547.

[10] YUE M, LI J, WU Z J, et al. High-potency models of LDoS attack against CUBIC + RED[J]. IEEE Transactions on Information Forensics and Security, 2021(16): 4950-4965.

[11] BRAUN W, MENTH M. Software-defined networking using OpenFlow: protocols, applications and architectural design choices[J]. Future Internet, 2014, 6(2): 302-336.

[12] XU L, HUANG J, HONG S, et al. Attacking the brain: races in the SDN control plane[C]//Proceedings of the 26th USENIX Conference on Security Symposium. New York: ACM Press, 2017: 451-468.

[13] TANG D, ZHANG S Q, YAN Y D, et al. Real-time detection and mitigation of LDoS attacks in the SDN using the HGB-FP algorithm[J]. IEEE Transactions on Services Computing, 2022, 15(6): 3471-3484.

[14] LI X M, LUO N G, TANG D, et al. BA-BNN: detect LDoS attacks in SDN based on bat algorithm and BP neural network[C]//Proceedings of the 2021 IEEE Intl Conf on Parallel & Distributed Processing with Applications, Big Data & Cloud Computing, Sustainable Computing & Communications, Social Computing & Networking (ISPA/BDCloud/SocialCom/SustainCom). Piscataway: IEEE Press, 2021: 300-307.

[15] XIE R J, XU M W, CAO J H, et al. SoftGuard: defend against the low-rate TCP attack in SDN[C]//Proceedings of the ICC 2019-2019 IEEE International Conference on Communications (ICC). Piscataway: IEEE Press, 2019: 1-6.

[16] XIE S X, XING C Y, ZHANG G M, et al. A table overflow LDoS attack defending mechanism in software-defined networks[J]. Security and Communication Networks, 2021: 6667922.

[17] GAO S, PENG Z, XIAO B, et al. Detection and mitigation of DoS attacks in software defined networks[J]. IEEE/ACM Transactions on Networking, 2020, 28(3): 1419-1433.

[18] WANG T, GUO Z H, CHEN H C, et al. BWManager: mitigating denial of service attacks in software-defined networks through bandwidth prediction[J]. IEEE Transactions on Network and Service Management, 2018, 15(4): 1235-1248.

[19] IMRAN M, DURAD M H, KHAN F A, et al. DAISY: a detection and mitigation system against denial-of-service attacks in software-defined networks[J]. IEEE Systems Journal, 2020, 14(2): 1933-1944.

第 11 章
总结与展望

🔍 11.1 总结

云计算是一种服务模式的革新，建立在新的计算技术、网络技术以及业务应用充分发展的基础之上。面向云计算数据中心的攻击也逐渐由传统的方式转变为针对基础设施、服务模式、协议漏洞、管理规则等的技术性攻击。

本书针对云计算中的一种面向 TCP 的 LDoS 攻击开展研究。第 1 章主要介绍研究背景和意义，对当前的研究现状及存在的问题进行归纳总结。第 2 章首先对云计算的新技术、新服务模式进行漏洞分析，归纳出云计算弹性伸缩、即用即付和多租户的安全隐患，揭示了攻击者基于这些隐患实施 LDoS 攻击的手段。接着，分析了云计算中 LDoS 攻击的组织方式，包括移动终端、物联网甚至僵尸云都有可能成为组织实施攻击的途径。最后，对云计算中的多种 LDoS 攻击进行了分类，对面向 TCP 的典型 LDoS 攻击重点分析。第 3 章对典型的 TCP 拥塞控制算法原理和特点进行归纳分析。由于 LDoS 攻击的本质就是向端系统反馈拥塞信号，使其自动降低发送窗口。因此，深入研究 TCP 拥塞控制模型是掌握 LDoS 攻击本质的途径，也是未来抗攻击的根本。第 4 章对当前提出的 LDoS 攻击模型进行了详细分析建模。以典型的 LDoS 攻击模型为基础，攻击者可以精巧地控制攻击脉冲的发起时机，以及精确调整攻击幅度、宽度和周期，来实现各种增强型的攻击模型。这些模型基本都借助于正常的背景流量，从而达到更高的攻击效能。第 5 章提出了一种基于变化 RTT 的高-低脉冲速率变化的攻击模型。该模型在 Reno TCP 和 Droptail 队列管理网络环境下取得了更为出色的性能，适用于云计算这种攻防资源博弈的场景。大量的实验证明所提出的模型可以将攻击效能提高约 200%，并广泛适用于具有不同参数的网络环境。第 6 章提出了一种针对 CUBIC 的 LDoS 攻击模型，由于 CUBIC 的广泛使用，使得所提出的模型适用于目前 85% 以上的操作系统。实验表明在路由器采用 RED 队列管理的情况下，该攻击模型可达到的最大攻击效能是传统攻击的 250%。第 7 章提出了一种检测 LDoS 攻击流量的方法，该方法建立在网络上行、下行和双向流量多重分形的基础上。通过小波能量谱系数提取特征，然后构建多重神经网络检测模型。实验结果表明该方法在对于 LDoS 攻击流量检测率、虚警率和漏警率方面都优于现有的方法。第 8 章提出了一种基于路由器缓存队列分布模型的 LDoS 攻击检测方法。该方法首先建立了一个反馈控制模型来描述网络拥塞控制的过程，将拥塞窗口和路由器缓存队列行为进行关联分析。然后，设计了一个二维队列分布模型来提取攻击特征。最后，将欧氏距离算法与自适应阈值算法相结合来检测每个 LDoS 攻击突发。该方法的优势在于能够精准识别每一个攻击脉冲，使得检测粒度更细。第 9 章提出了一种基于梳状滤波器的 LDoS 攻击流量过滤方法。首先，对网络流量采样分析，揭示 TCP 流量和 LDoS 攻击流量的周期性。然后，将时域采样信号变换到频域，用频域搜索法估计往返时延。频谱分析表明，TCP 流量的能量主要分布在特殊的频率点，而 LDoS 攻击流量主要分布在低频带。基于此，设计了一个使用无限脉冲响应滤波器的梳状滤波器来滤除 LDoS 攻击流量，并最大限度地保留 TCP 流量，第 10 章介绍了基于流特征和表特征的 LDoS 攻击检测方法以及基于重路由的 LDoS 攻击缓解方法，提出了跨层协同检测的总体方案，由部署在数据平面的轻量级检测方法和部署在控制平面的全局深度检测方法组成，数据平面和控制平面共同协作，避免了控制器频繁轮询交换机的问题。

🔍 11.2　展望

云计算下传统攻击规模日益扩大，而新的攻击层出不穷，在对抗 LDoS 攻击的道路上，老的问题可能刚刚解决，但新的问题又不断涌现。在未来，面向云计算数据中心的 LDoS 攻击与防御将是一个无休止的博弈过程，如何主动、高效、快速地防御 LDoS 攻击，仍然面临许多挑战。未来主要发展趋势可以归纳为以下几点。

1. 攻与防的博弈

云计算下网络攻击与防御之间的资源博弈体现得尤为突出，"性价比"是攻防两端共同关注的核心。按需服务是云计算的典型特征，而发动攻击正是黑客的一种需求。因此，出现了诸如恶意软件即服务、攻击即服务等黑色服务。借助于云平台感染虚拟机，出租和部署僵尸网络的黑色产业链日趋成熟。以最小的代价达到最大的攻击效果是 LDoS 攻击者的目的。在防御端，云计算提供入侵检测即服务等安全服务，云计算中近乎无限的资源，可以保证云服务提供商投入大量的资源防御攻击。投入最少的资源达到最大的防御效果是防御者的目标。攻防中的胜利者必然是全面掌握对方信息并能及时做出响应的一方。因此，揭示 LDoS 攻击模型并评估攻击成本与攻击效果成为防御端首先要解决的问题。在此基础上，防御方案应从博弈的角度考虑如何增大攻击代价或增加攻击难度，如何在防御攻击与 QoS 之间平衡，如何设计最佳策略动态调整资源配置规则。

2. 防范—检测—缓解整体解决方案

从防范—检测—缓解 3 个层面设计完整的解决方案是抗 LDoS 攻击更为有效的途径。应对 LDoS 攻击从 3 个层面入手，依次是防范、检测和缓解。攻击防范的目的是尽早发现恶意用户请求，并将其阻止在攻击源端，防止大规模攻击流量的形成。攻击检测的功能是当攻击流量或攻击效果已经形成后，通过特征提取判断攻击发生。攻击缓解的目的是检测到攻击后，采取一定措施最大限度地降低攻击损失，或者增加攻击者的消耗、提高攻击实施的复杂性。LDoS 攻击本身具有较强的隐蔽性，此外，随着攻击手段的进化（例如，攻击模型的演进），及其辅助技术的发展（例如，网络探测技术的发展），应用单一层面的技术可能难以完全奏效，尤其是在云计算这种大规模复杂的场景中。尽量从源头上遏制攻击流量是防御的宗旨，3 个层面综合的解决方案是保证防御效果的有力措施。

3. 新技术抗攻击

云计算赋能攻击同时也赋能防御，充分利用云计算下的新技术抗 LDoS 攻击是目前的研究趋势。典型的技术包括 SDN 和资源重配置。SDN 将控制平面与数据平面解耦合，Controller 通过 OpenFlow 协议对网络进行集中的监控与管理，能够收集网络的全局信息（例如，网络拓扑、流量统计等），而不同的控制器、交换机还可协同工作。上述特点有利于大规模、动态地部署安全策略。此外，Controller 提供丰富的北向接口，可以方便地开发 IDS、IPS 等应用。网络拓扑的动态变化通常会影响防御策略的部署，而 SDN 下网络虚拟与集中控制解决了上述问题，并扩大了攻击防御半径。资源重配置是在整个云计算数据中心层面应对攻击的有效手段。云计算下的弹性伸缩技术、虚拟机迁移技术、资源克隆技术、资源限制技术已非常成熟。云基础设施提供者可采用以上技术动态地改变资源配置，在保证公平性和有效性的前提下满足业务需求。